低渗透油田开采技术

王香增　编著

石油工業出版社

内 容 提 要

本书较系统地介绍了低渗透油田的地质特征及国内外低渗透油田开发现状，分别叙述了低渗透油田的高效注水技术、采油方式优化决策技术、油层改造技术、提高采收率技术与储层保护技术等；并有针对性地结合陕北低渗透油田开发的特点，总结了适合该地区特点的特色开发技术；另外，还介绍了国外低渗透油田开发实例。

本书可供从事油田开发特别是低渗透油田开发工作的专业技术人员和有关管理人员阅读，对石油高等院校勘探开发及石油工程等专业的师生也具有参考价值。

图书在版编目(CIP)数据

低渗透油田开采技术/王香增编著.
北京:石油工业出版社,2012.8
ISBN 978-7-5021-9003-3

Ⅰ.低…
Ⅱ.王…
Ⅲ.低渗透油层—油田开发
Ⅳ.TE348

中国版本图书馆 CIP 数据核字(2012)第 058707 号

出版发行:石油工业出版社
(北京安定门外安华里 2 区 1 号 100011)
网 址:www.petropub.com.cn
编辑部:(010)64523735 发行部:(010)64523620
经 销:全国新华书店
印 刷:北京中石油彩色印刷有限责任公司

2012年8月第1版 2012年12月第2次印刷
787×1092 毫米 开本:1/16 印张:11.75
字数:215 千字

定价:58.00 元
(如出现印装质量问题，我社发行部负责调换)

序

近年来，随着全球石油需求量的持续增长和中高渗透油气资源的不断减少，低渗透油气资源的探明及开发比重日益增长，并呈现出良好的发展势头。我国近二十年油气田勘探形势来看，低渗透油气资源探明储量已占到新增储量的70%左右。因此，已开发的低渗透油田如何进一步改善开发效果，未动用的低渗透储量如何尽快有效地投入开发，这对保持我国石油工业持续稳定发展，有着重要的意义。

低渗透油藏普遍具有富集程度低、储层物性差、非均质性强、油气驱动能力差、含油饱和度低等特点，多年的低渗透油藏开发实践表明，低渗透油田一般连续性差，采收率与井网密度关系密切；储层物性差，必须压裂投产，天然裂缝也常很发育，注入水沿裂缝窜进现象严重，需要重视裂缝与井网注采方向的合理配伍；油层存在"启动生产压差"现象，渗流阻力和压力消耗大；油田见水后，采液和采油指数急剧下降，对油田稳产造成严重威胁，有效开发的难度很大。

本书编者从事低渗透油田开发技术及管理二十多年，尤其是在延长油田工作期间，针对延长特低—超低渗透油藏的开发特点，主导开展了裂缝分析、油层保护、井网优化、注水水质、注水时机、油层改造、三次采油等方面的研究和试验，形成了延长特低—超低渗透油田配套开发技术，促进了延长油田“十一五”期间原油产量的稳步增长，目前已经形成1200万吨的年产规模，在低渗透油田有效开发方面积累了丰富的理论和实践经验。通过总结这些经验，大量翻阅国内低渗透油气田油田开发方面的成果，并与资深低渗透油田开发实践者共同探讨，注重理论性、创新性和实用性，对低渗透油田开发的关键性技术进行了系统的分析、优化和总结，形成了这部作品。相信该书的问世，对低渗透油藏勘探开发成效的进一步改善和技术人才的培训等方面具有一定的理论和实践参考价值。

很高兴为本书作序，特将此书推荐给广大读者。

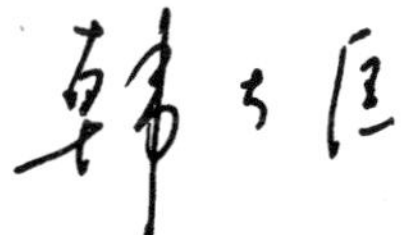

2012年7月

前　　言

低渗透油田的开采是一项极其复杂的、多技术集成的系统工程。1907 年中国钻成第一口油井——延 1 井(鄂尔多斯盆地),发现了延长油矿,开始了低渗透油田的勘探开发探索之路。经过 100 多年勘探开发实践,陆续在鄂尔多斯、松辽等盆地发现了一大批地质储量超亿吨级低渗透油田。2008 年,中国低渗透原油产量 $0.71 \times 10^8 t$,占全国总产量的 37.6%,低渗透产量比例逐年上升。

低渗透油藏通常具有低丰度、低压、低产"三低"的特点,其有效开发难度极大。低渗储层中油气富集区,特别是裂缝发育带和相对高产区带的识别评价、开发方案优化、钻采工艺、储层改造、成本控制、提高采收率、已开发油田的综合调整等技术经济问题,制约着低渗透油藏的高效开发。本书从低渗透油田储层分类及非达西渗流机理出发,对井网部署优化、注水时机选择及油层改造等技术进行了系统的总结,分析了采油方式优化决策技术及提高抽油井系统效率影响因素,阐述了物理法采油技术在低渗透油田开发中的应用及效果,对提高原油采收率方法分类、EOR 方法运用现状与前景和提高原油采收率方法筛选标准进行了研究。结合钻完井及施工作业,提出了储层保护技术及入井材料的要求。并有针对性地结合鄂尔多斯盆地低渗透油田开发特点,总结了具有该地区特点的特色技术。

本书第一章、第二章主要介绍了低渗透油田具有的地质特征、渗流特征和国内外开发现状,第三章、第四章研究了井网优化部署和高效注水技术,第五章、第六章论述了油层改造技术和采油方式优化决策技术,第七章阐述了物理法采油技术,第八章分析了提高采收率技术及应用前景,第九章结合低渗透油田特点,提出了开发过程中油层保护技术。另外,还介绍了国外低渗透油田开发实例。

本书可供从事油田开发的专业技术人员、高等院校石油勘探开发专业的师生及相关科研人员参考。

本书在编写过程中,采用了中国石油大学(北京)、西安石油大学、延长石油(集团)公司等单位提供的大量的技术资料,在此一并表示感谢。由于作者的水平有限,难免存在不足或错漏之处,敬请提出批评和修改意见。

编　者

2012 年 6 月

目　录

第一章

低渗透油田地质概况

本章首先介绍了低渗透油田的地质特征，重点阐述了物性特征和裂缝特征。低渗透油田之所以能够进行开发，与油藏中存在的裂缝系统有关，不存在裂缝系统的低渗透油藏，一般是不能经济有效地开发的。低渗透油田这种地质特征，使其渗流特征与中高渗透油层有很大的差异，本章第二节详细介绍了低渗透油藏渗流特征。

第一节　地质特征

一、低渗透储层成因及沉积特征

1. 低渗透储层成因类型

通过对我国陆相低渗透储层的研究可以看出，低渗透储层的成因是多方面的，但主要与储层沉积相及成岩作用密切相关，其成因可分为两大类。

1）沉积成因

可分为近源沉积和远源沉积两类。

近源沉积为储层离物源区较近，未经长距离的搬运就沉积下来，这样碎屑物质颗粒大小相差悬殊，分选差，不同粒径颗粒堆积在一起，不同粒径颗粒及泥岩充填在不同的孔隙中，使储层总孔隙及连通孔隙都大幅度减小，形成低渗透储层。冲积扇相沉积属于这一类型。

远源沉积为储层沉积时离物源区较远，水流所携带的碎屑物质，经长距离的搬运，颗粒变细，悬浮部分增多。沉积成岩后，形成粒级细、孔隙半径小、泥质（或钙质）含量高的低渗透储层。此类储层在坳陷型大型盆地沉积中心广泛发育，如大庆朝阳沟油田、榆树林油田、头台油田，吉林新民油田、新立油田、大安油田、乾安油田、新庙油田等。

2）成岩作用

碎屑岩形成低渗透储层的成因，除沉积成因以外，沉积后的成岩作用及后生作用，对储层物性起着重要作用。储层在压实作用、胶结作用以及溶蚀作用下，储层的孔隙度、渗透率不断发生变化。

（1）压实作用：在上覆沉积物及水体静水柱压作用下，沉积物孔隙空间和总体积减小。随着埋藏深度的增加，上覆压力增大，砂岩的孔隙度明显减少，特别是浅层到中层，减少幅度较大，到达一定深度后减弱。常见的压实现象有：脆性矿物破裂、片状矿物压弯、塑性组分变形，以及颗粒接触面增大，由点接触变为线接触、凹凸接触、缝合线接触，使颗粒更加紧密排列，其结果使物性变差。

（2）胶结作用：沉积物中矿物质的沉淀作用，使散砂变成固结的岩石，同时使砂层的孔隙度、渗透率大幅度减少。常见的胶结作用有石英次生加大、碳酸盐胶结作用、硫酸盐胶结作用、沸石胶结作用。

（3）溶蚀作用：这是储层形成次生孔隙的主要原因。一些致密层由于溶蚀作用，能增加储层的孔隙度，可以形成低渗透储层、一般储层。最重要的可溶矿物是碳酸盐、长石和岩屑。溶蚀所需要的大量酸性水可来自：混合黏土矿物转化释放大量层间水；有机质经热转化成熟后，生成大量有机酸、二氧化碳和水；黏土与碳酸盐反应形成二氧化碳；长石风化成高岭石，也可生成大量的 HCO_3^-。

2. 近源沉积低渗透储层特征

1）山麓洪积扇沉积——砾岩储层

克拉玛依晚二叠世至中三叠世冲积扇砾岩储层即为此类储层，该层沿准噶尔盆地西北缘沉积了厚逾2000m的以洪积扇相为主的磨拉石建造，并形成油藏。

2）冲积扇—辫状河沉积——砾状砂岩储层

此类储层在鄂尔多斯盆地分布局限，见于盆地西部的逆冲推覆带前端和盆地北部，此外，在古剥蚀高地的周缘也有小规模的冲积扇分布，如在古峰庄高地南部发育冲积扇。由砾状砂岩、砂、粉砂和泥岩等组成，剖面结构具有向上变粗序列，属进积型冲积扇，具块状层理，正、反粒序层理，平行层理，大型板状交错层理等，为辫状河道夹泥石流沉积。

3）水下扇沉积——砂砾岩储层

水下扇发育于湖盆边缘浅水环境中，由水下重力流形成的扇形砂砾岩体。多数底部所含有的砂砾岩是具有明显重力流特征的杂基支撑砾岩、颗粒支撑砾岩、块状砂岩等。暗色泥岩、页岩页理发育。砂岩类型主要为砂砾岩、不等粒砂岩或中粗砂岩。砂岩类型主要为岩屑长石砂岩以及长石砂岩，分选中等，颗粒以次棱角状或次圆状为主。成分成熟度和结构成熟度特征均反映了远距离搬运和密度流沉积的特征，是深水重力流沉积的重要标志。

4)湖底扇重力流沉积

油藏紧邻物源，边界断层活动强烈，岸坡短陡，持续快速下陷，导至剥蚀地区碎屑由洪水直接搬运入湖，形成重力流砂体沉积。

3. 远源沉积低渗透储层特征

远源沉积的砂体与近源沉积的砂体截然不同。远源沉积的砂体在剖面上以泥岩为主，砂体占的比例很低，呈薄层零星透镜状分布，平面上呈条带状、透镜状分布，砂体极不稳定。由于岩性的变化，可形成构造圈闭或岩性圈闭油藏。而近源沉积的砂体，在剖面上以砂砾岩为主，平面上分布稳定。

4. 成岩作用形成的低渗透储层特征

成岩作用对储层的物性影响极大，可以对原生孔隙充填堵塞，形成低渗透层或致密层；也可在形成低渗透层或致密层的基础上溶蚀形成次生渗透层或低渗透层，但不能改变原有砂体的形态特征。砂体分布特征受物源、沉积环境的控制，不同沉积相的砂体分布特征不同。

(1)压实、胶结作用形成的低渗透储层。

(2)压实、胶结及溶蚀作用形成的低渗透储层。

二、低渗透储层岩性和物性特征

1. 岩性特性

1)低渗透储层的粒度参数

根据7032块样品的粒度参数统计，低渗透储层的粒度分布范围宽，因而颗粒混杂，分选差，悬移物质高(15%～90%)；而中高渗透储层，其粒度分布范围窄，分选好，悬移物质低(15%～30%)。

中高渗透储层的中值处于低渗透储层粗粒及细粒储层中值之间的最好粒级范围内(0.25～0.016mm)。由于其细粒含量低、分选好、填隙物少，因而渗透率高。中高渗透储层的优势颗粒分选好而集中，低渗透储层的优势颗粒分选差而分散。

2)岩石的矿物成分

油气储层的岩石类型及其矿物成分，与母岩性质、风化强弱和搬运距离远近有关：来自富长石母岩区的沉积物，容易形成长石砂岩；来自高地，快速堆积的沉积物，容易形成岩屑砂岩；来自沉积岩、变质岩富石英的母岩区的沉积物，容易形成石英砂岩。一般而言，近物源区富含岩屑和长石；远离物源区，依次减少岩屑、长石，石英相对比较集中。

鄂尔多斯盆地长 2 油层矿物成分以长石、石英为主,含量分别为 42.8% ~ 55%、27.1% ~30.8%,含少量岩屑(含量7.4% ~9.8%)和云母(含量6% ~8%);长 6 油层上部主要由灰白色细粒长石砂岩、粉砂岩组成,夹有灰色泥质粉砂岩及粉砂质泥岩,下部由灰白色细粒长石砂岩、灰色泥质砂岩及粉砂岩互层组成。碎屑物成分以长石、石英为主,含量分别为 42.8% ~65.2%、24% ~27.3%,含少量岩屑(含量4% ~14.5%)和云母(含量 5.5% ~12.9%);岩屑以变质岩、沉积岩岩屑为主。侏罗系延安组注水开发油层,砂岩碎屑含量 82.5% ~95.0%,成分以石英为主,次为长石。石英含量47% ~69.5%,平均 56.72%;长石含量 15% ~27%,平均 20.34%;岩屑含量 4.5% ~14%,平均 9.62%。

3)碎屑颗粒形态和颗粒接触关系

(1)颗粒形态。油层砂岩的颗粒形态是碎屑岩最显著的特征之一,它包括圆度、球度和形状三方面的内容。三者之中,以圆度最为重要,是岩矿工作者经常描述的主要内容,其他两种只有在特殊要求下才加以描述。

(2)岩石颗粒的接触方式。颗粒的接触方式取决于成岩历程,当沉积物埋藏之后,随着上覆压力增加和温度变化,颗粒有由飘浮到点接触、线—凹凸接触的变化。

4)胶结物和胶结类型

低渗碎屑岩中的胶结物含量一般为 11.66% ~25.26%,平均为 16.6%。胶结物共有六大类,即黏土矿物、碳酸盐、硫酸盐、硅酸盐、沸石类和铁质类。油层中的胶结物含量越高,物性越差,微孔发育,束缚水饱和度高,在低渗透油层中更是如此。

黏土矿物是最重要的胶结物质,总平均含量 8.91%。黏土矿物的成分主要有蒙皂石、伊利石、高岭石、绿泥石及少量混层矿物。

在低渗透油层中,胶结类型比较复杂。岩石的胶结类型有基底型、孔隙型、接触型、薄膜型和镶嵌胶结型,以及二者的过渡型。低渗砂岩油层的岩石胶结类型总面貌以孔隙型和接触型为主,二者合计占 77.78%。

鄂尔多斯盆地长 2 油层填隙物含量一般 6% ~15%,成分以胶结物为主,主要是绿泥石、方解石;长 6 油层填隙物含量一般 10% ~18%,胶结物有浊沸石、碳酸盐、绿泥石、高岭石等黏土矿物。长 8 油层填隙物含量一般 5.0% ~17.0%,以自生矿物胶为主,主要是高岭石、水云母、方解石、白云石等。

2. 物性特征

1)孔隙度

根据 32 个油层组(包括个别井组)、12120 块样品的统计,孔隙度平均值为 18.55%,最大孔隙度 30.2%,最小孔隙度 1.2%。就油层孔隙度分布而言,平均孔隙度小于15%的油层组占50%。显示出低孔的特点。

根据对鄂尔多斯盆地23个油田62个区块储层物性统计结果，全油田平均孔隙度10.51%，自上而下由侏罗系到三叠系储层孔隙度依次降低，其中侏罗系延安组平均孔隙度为13.82%，三叠系长2、长4+5和长6—8层平均孔隙度分别为12.74%、11.11%和9.31%。

2）渗透率

在统计的12120块样品、32个油层组中，就油层组而言，油层平均渗透率小于10mD的占56.25%（克拉玛依下乌尔禾组，彩南油田J_2s，火烧山平二、平三段，丘陵油田J_2x，鄯善油田J_2s、J_2x，老君庙M_3油层，高尚堡沙三^5，枣园油田孔二段Ⅳ油组，牛庄油田沙三中，渤南油田沙三$^{5-9}$，榆树林油田扶余油层、扶扬油层，新民油田扶余油层，安塞油田长6^1油层）。32个油层组均属低渗透油层。其中仍有中高渗透油层，表明渗透油层的非均质性较强。

根据对鄂尔多斯盆地23个油田62个区块储层物性统计结果，渗透率小于1.0mD的区块占总区块数的36.8%，渗透率1.0～10.0mD的区块占总区块数的48.2%，二者合计占总区块数的85.0%，渗透率10.0～50.0mD的区块占总区块数的9.6%，渗透率大于50.0mD的区块只占总区块数的5.3%。

3）孔隙度与渗透率之间的关系

就一般油层物理性质而言，孔隙度大的样品，其渗透率相对也大。由于孔隙度的变化范围较窄（小于47.6%），而渗透率的变化范围较宽，相差数十倍，虽有许多文献资料报道过孔隙度和渗透率之间呈线性关系，但它们之间的定量关系却是不清楚的，而且是多变的。各油田做出的孔隙度和渗透率关系曲线，其趋势是相似的，而绝对值可以不同。

4）低渗透储层的油水饱和度

总的趋势是我国低渗透储层含油饱和度比较低，一般为55%～60%，但各油田之间差别比较悬殊。含油饱和度最高的为文东油田盐间层，达到72%，最低的为克拉玛依油田八区乌尔禾油藏，只有45%，绝对值相差27%。

含油饱和度的高低，不单纯是渗透率的因素，而是地质历史时期中，油气运移的驱动力［油水密度差，油气运移的油（气）柱高度］、油层的毛细管阻力大小、油水界面张力、油层的润湿性等多种因素的影响结果。

3. 孔隙结构特征

1）孔隙空间形态结构特征

关于储集岩的孔隙类型，有多种分类方法，我国油田最常用的孔隙分类方法为混合分类法。根据31个油层、1195块样品的分类统计，低渗砂岩油层的孔隙主要有五种类型：粒间孔、溶蚀孔、微孔、晶间孔、裂隙孔。

(1)孔隙大小的划分。

目前尚无统一的划分标准。在总结前人划分的基础上，结合我国低渗透油田的实际情况，提出一个讨论方案：大孔隙大于40μm，中孔隙40～20μm，小孔隙20～4μm，微孔隙4～0.05μm，难流动孔隙(吸附孔)小于0.05μm。

(2)喉道粗、细的划分。

岩石中的喉道大小决定岩石的渗滤能力。关于喉道的划分，目前也无统一的标准。鉴于此，笔者依据油田的实际资料，参考主流喉道半径、最大连通喉道半径，提出一个喉道大小划分的方案，供油藏工程师们参考：粗喉道大于4.0μm，中喉道4～2μm，细喉道2～1μm，微细喉道1.0～0.5μm，微喉道0.5～0.025μm，吸附喉道小于0.025μm。

(3)孔隙空间形态结构特征。

中高和中低渗透储层：粒间孔60%以上，溶孔次之，以大孔、中孔为主，粗—中细的点状，缩颈喉道连接的孔隙网络，主要有彩南油田(J_1s)、枣园油田(孔一段)、尕斯库勒E_3^1油藏中的部分样品。低渗和特低渗透储层：以中孔、小孔为主，溶孔约占50%以上。连接孔隙的喉道以管状和片状的细喉道为主，二者合计占72.8%～85.7%。属于这类油田的主要有安塞油田、鄯善油田(J_2x)、马西深层板Ⅲ组等油层，而且渗透率越低，管状和片状喉道比例越多。

(4)低渗储层中的孔隙喉道组合。

①孔隙组合：以溶孔为主(40%～70%)，粒间孔次之(小于25%)，微孔在35%以下，而且随着渗透率和孔隙度的降低，微孔有增加的趋势。如火烧山平地泉油层，溶孔占80%，丘陵、鄯善油田的J_1s、J_2x油层，溶孔在50%以上，克拉玛依下乌尔禾组油层，溶孔占46%，微孔和粒间孔各占27%。

②孔隙大小和喉道粗细组合：以中、小孔隙和中细喉道组合(主)连接的孔隙网络是低渗和特低渗透储层中的主要类型，如丘陵油田J_2s油层组中，粗、细砂油层均以中小孔为主，细喉道约占58%。值得注意的是在特低和超低渗透油层中，也出现以小孔、细喉、微喉连接的孔隙网络，或出现裂隙，它们的组合非常复杂，在油田开发中有更大的难度。

2)微观孔隙结构特征

毛细管压力测定，是研究微观孔隙结构的另一种最为省时、省力的好方法。

一块岩样的毛细管压力曲线，既是孔径分布和孔隙体积的函数，也是孔喉连接方式的函数，更是孔隙度、渗透率和饱和度的函数(表1－1)。实际资料说明：毛细管压力曲线的主要组成部分，越接近横纵坐标轴，微观孔隙结构越好，渗透率高，排驱压力低；越远离横纵坐标轴，微观孔隙结构越差，渗透性差，排驱压力高。若是曲线占据了坐标轴的右上方，该岩样则代表了很差的储层或为盖层。图1－1是选自油田的典型曲线，各种曲线的特点如下：

（1）高渗透油层的曲线，近似平行于两个坐标轴，平坦段比较明显；随着渗透率的降低，曲线向右上方移动，平坦段变陡，有不明显的平坦段。特别是在低渗透油层中，曲线的尾部和纵坐标轴有斜交的趋势。

（2）高孔渗的退汞效率比低孔渗的高，反映出高孔渗样品的孔隙滞留少。

（3）随渗透率的降低，曲线的排驱压力增大，孔喉变小。

表1－1　毛细管压力曲线的主要参数

序号	地层	井号	ϕ(%)	K(D)	p_c(MPa)	r_D(μm)	p_{50}(MPa)	r_{50}(μm)
1	葡Ⅰ2	中J_4	30.4	2.299	0.03	25.00	0.054	13.77
2	潜Ⅱ	中检$_{3-22}$	29.2	1.000	0.06	17.00	0.085	8.01
3	高台子	中J_4	29.1	0.236	0.085	9.90	0.325	2.144
4	萨Ⅲ	龙153	19.7	0.0239	0.11	7.00	0.90	0.72
5	朝阳沟	朝45	13.0	0.033	0.21	3.60	3.20	0.26

低渗透储层微观孔隙结构特征：国外在研究孔隙结构与原油采收率的关系时，曾采用了31项参数。我国的油藏工程师和实验专家，曾用45项参数描述油层的微观孔隙结构，用结构表达式与原油采收率建立关系，以期预测原油采收率。归纳起来，有四大类特征参数，即基本参数16项，与渗流和采收率有关的参数20项，矩阵法计算的参数5项和正态概率分布的参数4项。

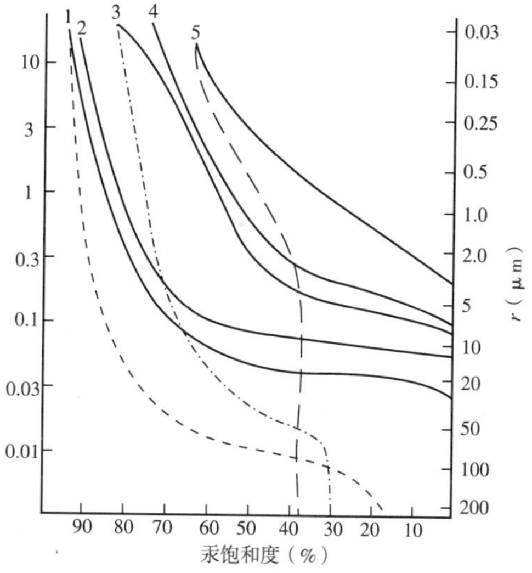

图1－1　大庆油田的典型毛细管压力曲线

低渗透储层微观结构主要分类特征简述：根据20个油田、27个油层组、2670块压汞样品的参数值（共45项），把全国低渗透砂岩油层划分为五大类，其特征如下：

（1）描述微观孔隙结构的主流半径小，最好的油层也只有2.4717μm；平均孔喉半径细，在中细喉道范围内；孔喉分选差；开采较困难。

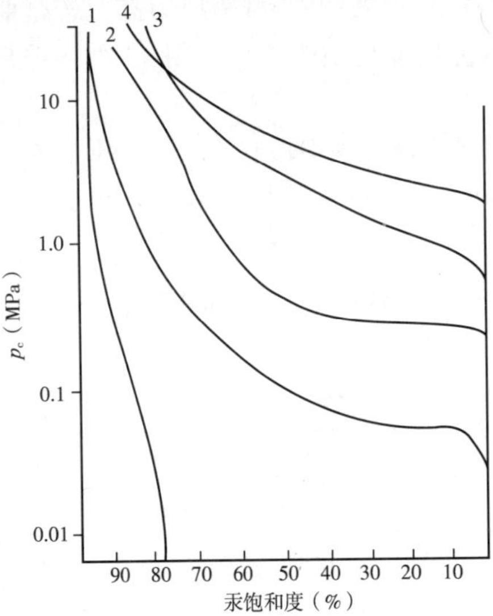

图1－2　低渗透储层的典型毛细管压力曲线图

（2）描述微观孔隙结构渗流能力的排驱压力大于0.2362MPa，岩石致密。最大孔喉半径也不过3.175μm，表明为低渗透油层类型。

（3）图1－2的典型曲线，直观地反映出曲线簇远离坐标轴，中值压力大。只有提高生产压差，才能获得较高的采收率。

（4）反映孔喉非均质性的变异系数C值偏离平均半径距离，出现两种类型——丘陵型和彩南型，因而孔喉不集中，退出效率也不同。

4. 表面物理性质特征和水驱油效率

一般油层在经过水驱之后总留有较多的残余原油，它是由油层的表面物理性质，包括毛细管压力、润湿接触角、润湿性、界面张力、表面积、黏结力等复杂物理现象造成的。多相流体在岩石孔隙中的渗流性质——相对渗透率，也取决于这些物理性质。

1）润湿性

固体表面的润湿性是以附着张力来量度的。附着张力是表面张力的函数。它是油－固相界面和水－固相界面的界面张力差。它表示油或水对固体表面的附着能力。很明显，附着张力就表现了润湿相黏附固体表面的能力，以及沿固体表面延展的能力。

岩石的表面润湿性可以用离心法、接触角法或自吸法测定。油田上多数用自吸法。自吸法基于油、水、岩石三者间的选择性润湿特征，即油、水与孔隙介质接触时，由于界面能的差异，一种流体较另一种流体更能润湿岩石表面，并自发地从油层中的岩石表面将另一种流体排开，砂岩表面润湿性评价标准见表1－2。

表1－2　砂岩表面润湿性评价标准

润湿指数	润湿性				
	亲油	弱亲油	中性	弱亲水	亲水
油润湿指数	1.0～0.8	0.7～0.6	二者相近	0.3～0.4	0～0.2
水润湿指数	0.0～0.2	0.3～0.4	二者相近	0.7～0.6	1.0～0.8

油层砂岩的润湿性，除了岩石矿物成分本身的润湿特性和表面粗糙程度之外，还取决于润湿相的饱和顺序。一般讲油层首先为水饱和，则岩石具亲水性；如果首先为油饱和，则岩石具亲油性。

570 块新鲜样品、37 个油层组的平均润湿性表明，我国低渗透油层的润湿性，亲水的占 54.05%，中性—弱的占 24.32%，弱亲水的占 13.51%，弱亲油的占 5.41%，亲油的占 2.7%，说明低渗砂岩油层的润湿性以亲水为主。

油层的润湿性，是地质历史中各种因素作用的综合反应，采用单因素分析，低渗透油层的润湿性具有以下特征：

（1）油层的润湿性，首先由饱和顺序决定。油层最先为水饱和，因而为水润湿性质。当烃类运移来之后，油首先占据大孔隙；当运移力和油层的毛细管压力相等时，油气停止流动。低渗透油层的特点是小孔细喉、微孔丰富，胶结物中黏土矿物以伊利石为主，岩石的亲水性增强。

（2）油是一种极性物质，在地质历史中，长期作用的结果使原油中极性分子的一端转向岩石表面，将水膜驱替变为油膜驱替。特别是中高渗透层的大孔隙更是如此，容易形成油润湿或部分油润湿。因此，油层润湿性质的变化，可能与此有关。

（3）油层中的黏土矿物绿泥石增高，也会引起油层润湿特性的变化。如安塞油田长 6，油层黏土矿物以绿泥石为主（相对含量 94.49%），油层中的微孔达 50% 以上，按前述观点应属亲水油层。根据文献资料，绿泥石矿物的亲油性较强。因此，安塞油田长 6 油层润湿性为中—弱亲水。

2）润湿性对水驱油效率的影响

为了突出润湿性和孔隙结构对水驱油效率的影响，选用各油田在实验时有润湿性和水驱油实验的对应样品，其实验特点如下：

（1）在亲水油层中，水驱油效率为 64.5% ~65.4%。如文东油田沙三中 5 层，渗透率为 50.9mD，水驱油效率为 64.7%；克拉玛依下乌尔禾组，8 块样品的平均渗透率为 6.47mD，水驱油效率为 65.4%。

（2）在弱亲水的尕斯库勒 E_3^1 油藏中，79 块样品的平均渗透率为 59.08mD，水驱油效率为 55.75%。

（3）在中—弱亲水的安塞油田长 6_1 油层，55 块样品的平均渗透率为 2.39mD，水驱油效率为 46.3%。

（4）孔隙结构好、流动半径大的尕斯库勒油田比孔隙结构差、流动半径小、微孔多的安塞油田驱油效率高。

3）比表面积

岩石的比表面积，是指单位质量或单位容积的多孔物质中，孔隙的内表面积。它是量度岩石颗粒分散程度的物理参数，一般岩石颗粒越细，比表面积越大。岩石比表面积的研究，借助于计算法和吸附法。

目前我国石化和石油行业中，应用比表面积多采用实际测定值。测定仪器多种多样，但测定样品的处理方法均采用经典的 BET 法。

测定的26个样品平均比表面积值表明，油层的比表面积随渗透率的减小而增大。当渗透率小于10mD时，比表面积的变化不明显。如渗透率为365.5mD时，比表面积为0.48m^2/g；渗透率为62.3mD时，比表面积为1.36m^2/g；渗透率为42.5～13.0mD时，比表面积为2.65～3.81m^2/g；渗透率为0.38mD时，6块样品的比表面积平均值为14.26m^2/g；当渗透率为0.027mD时，13块样品的比表面积平均值为16.055m^2/g。

吸附理论认为，物质的比表面积越大，其吸附力越强，吸附的物质越多。低渗油层的比表面积大，因而油层的束缚水一般较高，水驱油效率较低。

三、低渗透油田储层裂缝特征

1. 概述

随着对低渗透油田（主要指砂、砾岩油田）的开发和注水的深入，人们发现裂缝（指天然裂缝）的作用越来越重要。裂缝不仅决定了注水效果，而且控制了层系划分和井网布置，从而直接决定了油田开发效果的好坏。因此砂岩油田裂缝的研究日益受到人们的高度重视。

这些年来，我国发现的具有裂缝的油田越来越多。如新疆的火烧山油田，吐哈的丘陵、鄯善油田，长庆的安塞、靖安油田，胜利的渤南油田，大庆的朝阳沟、榆树林、头台油田，吉林的新立、乾安、新民油田等，几乎每个大油区都有裂缝性油田的存在，且以低渗透油田为主，表1－3是我国几个裂缝比较发育油田的基本数据表。

表1－3　我国主要裂缝型油田基本数据

油田名称	面积（km^2）	储量（10^4t）	渗透率（mD）	孔隙度（%）	厚度（m）	裂缝密度（条/m）	裂缝最大切深（m）	岩性	油藏类型
火烧山	40.7	6741	12.5	16.5	9.5	0.47	2	泥粉砂岩	显裂缝型
丘陵	33.6	4500	31.9	13.7	35	1.2	2	中细砂岩	潜裂缝型
老君庙（M层）	17.1	5332	24	17.8	25.2	0.6	<0.50	中细砂岩	微裂缝型
安塞	206	10561	1.29	12.4	12.2	很少	<0.60	粉细砂岩	潜裂缝型
朝阳沟	328.5	18000	15	15	8.8	0.13	<1.60	粉细砂岩	微裂缝型
扶余	84	13240	180	25	10.3	0.48	—	粉细砂岩	微裂缝型
新立	38.2	3816	20	16.3	7.9	0.211	—	细砂岩	潜裂缝型
乾安	27.0	1988	5.48	15.9	7.6	0.70	—	粉砂岩	微裂缝型
新民	59.8	2965	5.4	15.2	8.6	0.056	—	粉砂岩	微裂缝型
大情字井	64.4	3345	3.4	12.0	16.2	0.15～0.31	—	粉砂岩	微裂缝型

其实裂缝性砂岩油田并不是近年才发现的，早在20世纪50年代我国就发现了玉门石油沟裂缝性油田。但1955年正式投入开发时并没有认识到这是一个裂缝性砂岩油田，依靠溶解气等天然能量驱动，1959年生产达到历史最高水平，日产原油188.2t，随后产量迅速下滑，至1964年产量锐减到62.9t/d，6年内年平均递减率为16.7%。60—70年代大搞注水试验，发现了裂缝对注水的控制作用，逐步开展了裂缝方面的研究工作，研究出了一套沿裂缝注水的方式。进入80—90年代，油藏内部注采关系日趋复杂，逐步进行了几次大规模的综合调整治理，进一步加强了对裂缝的研究，提高了认识程度，使油田保持了持续稳定生产的局面。

与玉门石油沟油田走过的认识历程相似，不管是东部吉林的扶余油田，还是西部新疆火烧山油田，砂岩油田储层裂缝的重要性都是在油田全面注水开发以后才为人们所认识的。尤其新疆火烧山油田，由于在开发前对裂缝影响估计不足，油田全面投入注水开发后，裂缝引起了严重的水窜和暴性水淹，投产3年多，采出程度只有4.98%，综合含水53.3%，年含水上升率高达8.56%，有91.3%的采油井见水。这一系列有裂缝的低渗透砂岩油田开发的经验教训，使人们对砂岩裂缝重要性的认识提高到一个新水平：即油田投入开发前就要对裂缝高度重视，正确认识和研究裂缝是裂缝性砂岩油田开发成败的关键因素之一。

在油田开发之前的评价阶段，判断储层有无裂缝存在至关重要。除岩心观察外，利用压裂施工曲线分析判断比较准确。没有裂缝的储层，压裂时具有明显的破裂压力（峰值），见图1－3（a）和图1－3（b）；而存在裂缝（包括潜在缝）的储层，一般没有明显的破裂压力，见图1－3（c）。从油田开采动态反应来看，裂缝性砂岩油田的裂缝作用，可分为以下三种类型。

第一类为强烈型（显裂缝型）：在开采动态中裂缝反应明显，作用强烈，其主要表现是钻井过程中钻井液漏失严重，压力恢复曲线具有明显双重介质特征，有效渗透率明显高于空气渗透率，油井初产能力变化幅度极大，注入水推进速度特别快，油井水窜、水淹十分严重等。这一类以火烧山油田为典型代表。该油田为低渗透储层，但由于裂缝特别发育，油井初期产量相当高，有裂缝显示的井，一般可达到30～40t/d，最高达100t/d。同时水窜、水淹也十分严重，据93口见注入水的油井统计，注入水推进速度平均3.1m/d，最快达9.2m/d，油井见水后，累计产油100t，含水上升61%。

第二类为中等型：裂缝的作用主要表现为注水后裂缝方向的油井极易发生水窜、水淹现象，如吉林的扶余油田。

第三类为微弱型（潜裂缝型）：这类裂缝在原始状态下处于闭合状态，其特征及表现和正常砂岩油田相似，但在外力（如压裂、注水等）长期作用下，这些潜在的微细裂缝可能张开发挥作用。如新立油田在注水初期没有发现水窜和暴性水淹现象,含水上升也较慢。开采 6 年采出程度 10.5%,含水只有 27.7%。该油田反九点井网的井排方向与裂缝夹角 22.5°,可以观察到这个方向与注水井相连的油井含水上升明显快于其他方向上的油井。1988 年底,这个方向上的油井见水的有 57 口,占井数的 58.8%,综合含水 58.8%;而其他油井中见水的只有 19 口,占井数的 9%,综合含水 7.8%。全油田有水淹井 5 口,都在这个方向上。

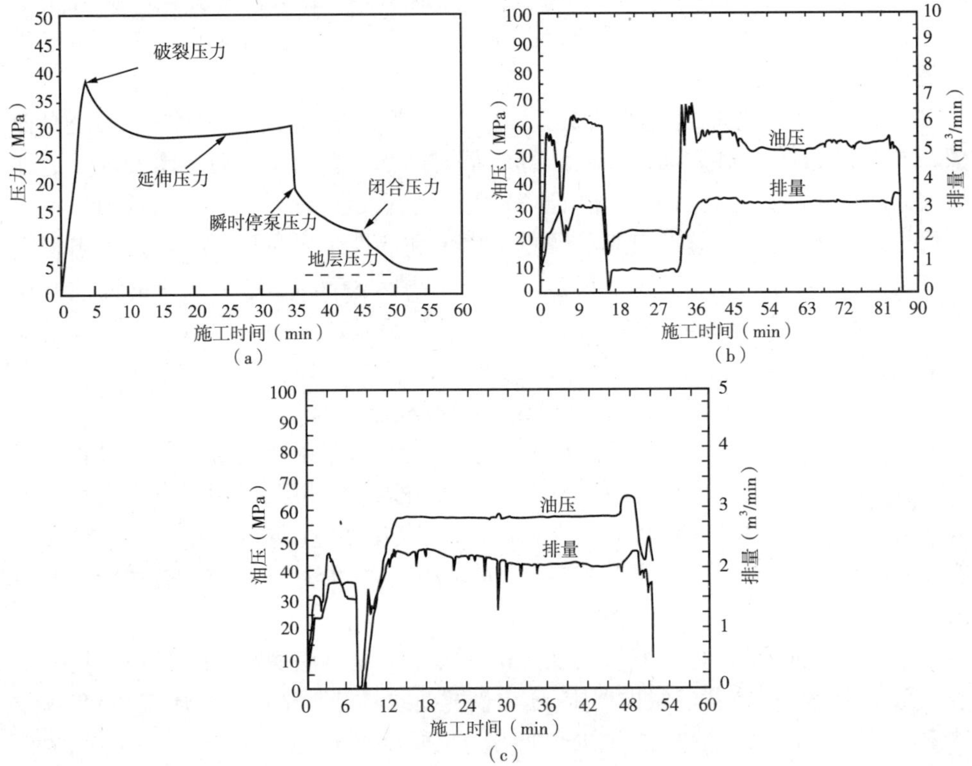

图 1-3 油井压裂施工曲线图

正由于裂缝性砂岩油田具有上述一些特殊性,目前我国许多裂缝性砂岩油田都开展了深入细致的大规模裂缝及其开发对策方面的研究,总结出了一些规律和措施,取得了可喜的成果。

2. 裂缝成因类型

储层裂缝按其成因,可分为构造裂缝和非构造裂缝两大类。

我国低渗透储层裂缝绝大多数为构造裂缝,个别油田也发育一些非构造裂缝,如玉门老君庙油田的 M 油藏就发育较多的水平层理裂缝。

构造裂缝按其力学性质而言,又分为张裂缝和剪裂缝两种。对油田注水开发影响最大的以张裂缝为主。

从油田的岩心上看,构造裂缝一般具有下列特征:

(1)裂缝分布比较规则,产状稳定,常成组出现。

(2)裂缝面一般比较新鲜,无滑动充填现象,显示潜在缝特点;或者裂缝面上具擦痕、阶步、羽饰等现象,有些裂缝两侧甚至还有微错动现象。

(3)裂缝切穿深度较大,但宽度很小。切穿终止情况明显受岩性控制。

(4)有些裂缝局部或全部被矿物(如方解石、石英等)充填,某些缝面上被 Fe、Mn 等氧化物侵染。

(5)既有张裂缝,也有剪裂缝。

我国低渗透储层裂缝的成因类型和分布形式及地质特征与盆地所处的构造体制密切相关。根据构造体制,我国含油气盆地可分为伸展型、挤压型、稳定型和走滑型四大类。东部油田所在处主要是伸展型盆地,裂缝伴随正断层发育,一般规模小,长度和密度都不大,岩石易破碎,缝面时有时无,多以微小的潜在缝形式出现,易被人忽视。如吉林油区、大庆朝阳沟等油田的裂缝均有此特征;而西部尤其新疆等油田则处于挤压型盆地构造,裂缝特点明显,不同于东部油田,裂缝伴随逆冲断层发育,规模大,直劈缝很发育,有的直劈缝可长达 8m(如新疆小拐油田),在开发中影响十分明显(如火烧山油田)。

在观察裂缝时,要特别注意将钻井过程中人工诱发产生的裂缝与天然裂缝区别开。

3. 裂缝特征描述

1)产状特征

裂缝的产状主要指裂缝的倾角和走向(或方位),裂缝的倾角和方位是描述裂缝的两项重要参数。

(1)裂缝方位。

裂缝方位是油田开发设计前必须搞清楚的首要问题,直接关系到井网部署的正确与否,所以在油田开发前,一定要把裂缝发育状况,特别是裂缝主要方向搞清楚。

虽然岩心上能测量裂缝方位,但毕竟太少,也不能准确地反映不同构造部位和层位的裂缝方向变化,因此需要应用多种方法进行综合判断分析,最后确定全区的优势方位。

要重视油井动态观察分析的方法,即用油井见水和水淹资料判断,确定裂缝主要发育方向,这是最重要、最直接的方法。

(2)裂缝倾角。

构造裂缝倾角,一般从岩心上就可以直接测量到。根据研究,按倾角大小可将裂缝分为五种倾角类型:垂直缝倾角大于80°,高斜缝倾角60°~80°,中斜缝倾角40°~60°,低斜缝倾角10°~40°,水平缝倾角小于10°。一般将倾角大于60°的裂缝统称高角度缝,60°~40°的裂缝称中斜缝,小于40°的裂缝为低角度缝。

根据对我国几个低渗透油田天然裂缝倾角的统计(表1-4),发现绝大多数为高角度缝,一般占总裂缝数的70%以上。只有玉门老君庙油田M油藏例外,以水平缝为主。

表1-4　我国几个低渗透油田天然裂缝倾角统计

油田	占总裂缝数的百分比(%)		
	>60°	60°~10°	<10°
扶余	70	14	16
乾安	80	17	3
火烧山	90	<10	<2
丘陵	84	15	2
老君庙M油藏	18	9	73

2)发育程度和规模特征

储层裂缝发育程度主要是指裂缝密度,发育规模包括裂缝的宽度、纵向切深和平面延长度。这两方面的综合才能真正反映裂缝的强度和影响力的大小。

(1)裂缝密度。

裂缝密度是衡量裂缝发育程度的参数。而裂缝间距是衡量裂缝发育程度的另一种表现形式,等同于裂缝密度。

储层构造裂缝的密度或间距包括岩心上宏观构造裂缝密度以及镜下显微构造裂缝密度两种。对岩心上宏观裂缝密度,常规的方法是统计单位岩心上裂缝的条数。

根据对国内低渗透砂岩油藏微裂缝发育状况统计(表1-5),新疆哈南油田高于延长油田,微裂缝相当发育。从川口、瓦窑堡、蟠龙、子北和七里村微裂缝发育状况统计结果看,七里村、蟠龙和子北较为接近,微裂缝面密度分别为0.0078mm/mm^2、0.0061mm/mm^2、0.0065 mm/mm^2,而川口和瓦窑堡较小,分别为0.001mm/mm^{2}和0.002 mm/mm^2。

表1-5 国内低渗透砂岩油藏微裂缝对比统计

油田名称	薄片数（块）	含裂缝薄片数（块）	薄片总面积（mm^2）	微裂缝总长度（mm）	微裂缝面密度（mm/mm^2）
哈南油田	119	32	59007.3	696.6	0.0118
鄯善油田	52	10	24122.8	181.9	0.0075
川口油田	53	21	29180.3	30.3	0.0010
中山川油区	170	58	34000	68.0	0.0020
蟠龙油区	34	10	22440	136.6	0.0061
子北油田	88	40	32800	213.0	0.0065
七里村油区	100	40	40000	310.0	0.0078

（2）裂缝宽度。

裂缝宽度是确定裂缝孔隙度、渗透率、直接评价裂缝对开发效果影响的关键因素之一，同时也是最难获得的一项参数。

这里所指的裂缝宽度为裂缝有效宽度即裂缝开度。研究表明我国低渗透油田裂缝宽度一般都很小，多数在十几到几十微米，且大多数都是通过模拟实验计算或岩心、露头测量推算的。裂缝开度与其力学性质及受力情况密切相关，一般是平行最大主应力方向的张裂缝开度最大，其次是与加载应力方向斜交的张剪性裂缝或剪切性裂缝的开度，而与最大主压应力方向呈大角度相交甚至垂直的裂缝开度最小。总体看火烧山油田裂缝开度一般在10～120μm，主裂缝平均开度可达120μm，而丘陵油田裂缝开度主要是根据岩心露头和围压推测的，估计在10～100μm，多数在40μm以下。

七里村砂岩油田微裂缝开度主要区间为10～30 μm，占全部裂缝的70%以上；开度在40～60 μm的占20%；大于60 μm的微裂缝只占少数，不到10%。

3）裂缝孔隙度、渗透率特征

裂缝孔隙度和渗透率是开发最关心的问题，也是最难准确确定的两项参数。

（1）孔隙度。

对于宏观构造裂缝来说，其孔隙度主要与其长度、高度和开度有关。它有多种计算方法，有体积法、开度法、曲率法、面积法，此外还有测井法、试井法、薄片法等。

（2）渗透率。

影响宏观构造裂缝渗透率最主要的因素是它的开度和间距（或密度），通常可根据Parsons（1966）的平板流动理论公式来计算：

$$K_f = \frac{e_1^{\ 3}}{12D_1}\cos\alpha + \frac{e_2^{\ 3}}{12D_2}\cos\beta\cdots \qquad (1-1)$$

式中 e——裂缝开度；

D——裂缝间距；

α,β——流体压力梯度轴与裂缝面的夹角。

此外,渗透率的计算方法还有构造变形法、经验估计法、开度法、图版法、面积法。

研究表明,我国低渗透砂岩油田的裂缝孔隙度都十分小,一般小于1%,远远低于基质孔隙度;而渗透率变化则十分巨大,从几十到上千毫达西不等,且随着油田注水开发渗透率呈动态变大,并引起油田的水窜和水淹。表1-6是几个油田静态计算的裂缝孔隙度、渗透率统计表,说明我国砂岩油田裂缝主要起增加储层导流能力的作用,而基本不是储集空间。

表1-6　我国几个砂岩油田裂缝孔隙度、渗透率统计结果

油田	裂缝		基质	
	孔隙度(%)	渗透率(mD)	孔隙度(%)	渗透率(mD)
火烧山	0.18	181~9000	16.5	12.5
丘陵	0.02	10~300	13.7	31.9
扶余	0.96	70~348	25	180
新立	0.09	10~85	16.3	20
小拐	0.23	636	5~6	0.1~0.2

4. 带裂缝的砂岩油田储层综合分类及其主要特征

对一个油田裂缝的分布特征及其定性、定量、物性参数进行描述之后,根据裂缝系统对基质间的流动影响以及裂缝系统对储层的整体性能的影响,对储层进行分类,是裂缝性储层研究的一个重要内容,能为油田勘探、开发方案的选取提供重要的地质依据。

我国有裂缝的砂岩油田储层,共分为三大类四亚类(表1-7)。

表1-7　裂缝性储层分类

类			孔隙—裂缝型	裂缝—孔隙型		孔隙型
亚类			显裂缝型	微裂缝型	潜裂缝型	孔隙型
基质和裂缝孔隙度、渗透率的相对比较			$\phi_f \ll \phi_m$ $K_f \ll K_m$	$\phi_f \ll \phi_m$ $K_f > K_m$	$\phi_f \ll \phi_m$ $K_f \approx K_m$	$0 < \phi_f \ll \phi_m$ $0 < K_f \ll K_m$
我国油田实况	代表性油田		火烧山	扶余	新立	—
	孔隙度	基质	8.75~16.5	25.0	16.3	—
		裂缝	0.13~0.22	<1.0	<0.13	—
		倍数	>50	>25	>100	—
	渗透率	基质	<12.5	180	20.0	—
		裂缝	252.5~9000	900	<30	—
		倍数	>50	5	≈1	—

注:表中 ϕ_f,K_f,ϕ_m,K_m 分别代表裂缝和基质的平均孔隙度和渗透率。

1)孔隙—裂缝型储层

或称为显裂缝型,储层的渗滤通道主要由裂缝系统提供。此类油藏常表现出块状或似层状特征,初期产量高,但产量下降快,一旦见水,含水率则呈直线上升,且油井见水有明显的方向性。试井压力恢复曲线常表现为"厂"字形或摇把形,也有少量的平缓"一"字形,生产压差小。这种类型以新疆火烧山油田为代表。

需要说明的是,过去在我国裂缝性油田中很少见到纯裂缝型,虽有个别层段显示为纯裂缝型特点,但整个油藏仍是裂缝和孔隙的双重作用,因此在该分类中没有列出纯裂缝型一类。

2)裂缝—孔隙型储层

裂缝的存在加深了储层的各向异性。根据裂缝和基质块体孔隙度和渗透率大小,又可分为:微裂缝型和潜裂缝型两个亚类,其共同特征是裂缝在初始状态下在地下是闭合的、潜在的,或虽比较发育但呈孤立状没有构成网络,对流体影响很少,或只有微弱的方向性显示,甚至没有影响。但随着注水开发的进行,裂缝逐渐张开,并极大地影响着油田的开发生产。两者的区别在于微裂缝型裂缝在开发早期就有微弱显示,尤其是渗透率和注水有一定的方向性,而潜裂缝型要在注水开发多年后才能有显示。

3)孔隙型储层

这类储层中裂缝发育程度很低或虽然发育有一定程度的裂缝,但大部分裂缝被充填而成为无效裂缝。其油气的储集空间和渗透空间主要由孔隙系统来提供,并且裂缝在以后的开发生产中基本不起作用或可忽略不计,具孔隙型储层的生产动态特征。

四、低渗透油田流体、压力和能量特征

1. 原油性质特征

我国低渗透油田原油性质一般都比较好,其特点是密度比较小,黏度低,含胶质和沥青少,另外凝固点比较高,含蜡量比较多,具体数据如下。

(1)地面原油密度:最小0.83g/cm^3(文东盐间层),最大0.89g/cm^3(火烧山油田),一般为0.84~0.86g/cm^3。

(2)脱气原油黏度(50℃时):最低4.8mPa·s(文东盐间层),最高57mPa·s(火烧山油田),一般为7~33mPa·s。

(3)地层原油黏度:最低0.38mPa·s(马西深层),最高10.4mPa·s(朝阳沟油田),一般为0.7~8.7mPa·s。

(4)原油凝固点:最低11℃(火烧山油田),最高36℃(乾安油田),一般为

16～33℃。

(5)原油中胶质及沥青质含量:最少2%(马岭油田),最多21%(老君庙油田M油层),一般为3%～19%。

低渗透油田原油性质比较好,包括如下两方面特点:

第一,低渗透油田原油一般都属于正常原油,亦即通称的稀油,基本上没有稠油。稠油(黏度大于500mPa·s)一般都储藏于高渗透(大于500mD)油层之中。

第二,在同一油田范围内,低渗透储层一般埋藏较深,其原油性质通常比埋深较浅的高渗透储层要好。比较典型的如辽河油区欢喜岭油田的杜家台油层,该油层在欢12断块埋藏深度为2100～2600m,渗透率为25mD,地面脱气原油密度为0.846g/cm^3,50℃时黏度为6.9mPa·s;在另一个断块——锦99埋藏深度为1420m,渗透率为4300mD,地面脱气原油密度为0.943g/cm^3,50℃时黏度为331mPa·s。大港油区枣园油田也有同样情况。

在同一个油田范围内原油性质由深部向浅部变差,是油气在运移、聚集过程中多种物理化学作用造成的。主要作用为油气在二次运移(主要指油气离开生油层后由下部向上部的运移)过程中,受到水洗氧化作用和生物降解作用;油气在聚集后仍然存在分子扩散作用。这些作用的结果,使原油中的轻质成分减少,重质成分增加,所以上部油层中原油性质一般都比较差。

2. 地层压力特征

通常情况下油田地层压力接近于相同深度的静水柱压力,压力系数约等于1,没有单独讨论的必要。但我国许多异常高压油田都属于低渗透油田,特别是压力系数大于1.4的超高压油田全都是低渗透油田。低渗透油田与异常高压有比较密切的关系。

异常高压大体上可分为两种类型:一种与地层沉积和欠压实有关;另一种与构造作用有关。

1)与地层沉积和欠压实有关的异常高压

在持续沉降的盆地中,下部沉积物在上覆沉积物负荷的作用下不断压实,在压实过程中沉积物孔隙度不断减少,孔隙中的流体(主要是水)不断排出,体积密度不断增大,再加上胶结等作用,最后固结成为岩石。

在压实过程中,如果流体能够不断排出,孔隙能够随上覆沉积物负荷的增加而相应减小,则孔隙流体基本上保持静水柱压力,此时称为正常压实,压力也属于正常压力,压力系数接近于1.0。如果由于某种原因的影响,如盆地的快速沉降、岩性的低渗透、地下的水热作用、成岩过程中黏土矿物的脱水作用、烃类气体的生成、自生矿物的形成和胶结作用等,孔隙中流体排出受到阻碍,孔隙度不能随上覆沉积物的增加而相应减小，这时排不出去的孔隙流体就要承受一部分本来应由岩石颗粒支撑的有效压应力，从而使孔隙流体具有异常高压。这样的地层称为欠压实地层，地层压力称为欠压实型的异常高压。

2）与构造作用有关的异常高压

在地层沉积以后，构造运动和断裂作用使地层受到挤压和整体抬升，当地层压力尚未调整平衡，仍保持原来的压力时即固结成岩，其地层压力高于静水柱压力，这时称为与构造作用有关的异常高压。另外，当地层已正常压实后，由于水热、烃类气体生成以及黏土矿物转化等作用的影响，也可以产生异常高压，这种异常高压与欠压实也没有直接关系。

上述两种异常高压类型并非是截然分开的，往往两种特征兼有。不过一般讲，新生代盆地以第一种类型即欠压实异常高压为主，古生代盆地以第二种类型即构造作用异常高压为主。

我国不同类型盆地，其异常高压状况也不相同，特征表现得比较明显，主要有以下几种类型。

（1）东部渤海湾盆地主要为欠压实型异常高压。

渤海湾盆地为新生代裂谷拉张型断陷盆地，按其特征可能形成欠压实型异常高压，这与实际情况吻合得较好。

根据1990年资料统计，在胜利、中原、冀中、大港和冀东5个油区中，压力系数大于1.1的异常高压油藏（区块）共有22个。其中只有一个为古近系上部的东营组地层（冀东高尚堡油田东营组油藏），其余全是古近系中部的沙河街组油层。这与沙河街组的沉积和岩性特点相一致。

22个异常高压油藏（区块）中，有15个油藏（区块）为小于100mD的中低渗油层，占总数的68%，特别是压力系数大于1.4的5个超高压油藏全是低渗透油层。具体数据见表1－8。

表1－8　超高压油藏数据

油田	开采层位	埋藏深度（m）	孔隙度（%）	渗透率（mD）	油层原始压力（MPa）	压力系数	油层温度（℃）
大港马西深层	沙一	3900	13.6	10	56.4	1.47	148
大港马东深层	沙一	3656	16	22	53.8	1.5	143
大港联盟	沙一	3844	16	1.8	54.3	1.43	142
中原文东盐间层	沙三	3400	16.8	29.2	60.5	1.78	130
胜利牛庄	沙三	3050	16	4.4	45.5	1.5	117

渤海湾盆地以及东部地区其他几个油区，如大庆、吉林、辽河、河南和江苏等，异常高压油藏（区块）很少或没有。

（2）西部酒西盆地和准噶尔盆地主要为构造作用型异常高压。

我国西部地区主要为挤压坳陷型盆地，由于挤压和逆冲断层的作用，容易形成非欠压实的与构造作用有关的异常高压，这在酒西盆地和准噶尔盆地表现得十分明显。

酒西盆地玉门油区的主要油田（老君庙油田和鸭儿峡油田）和主要油层（L层和M层）都是异常高压，异常高压的程度与油层性质没有明显关系。例如老君庙油田L油层埋藏浅（790m），渗透率高（620mD），压力系数为1.2；而M油层埋藏较深（810m），物性差（渗透率为24mD），压力系数反而较低（1.17）。

准噶尔盆地也是类似情况。

克拉玛依油田共有54个开发单元，绝大部分开发单元（49个，占90%）压力系数都大于1.1，属于异常高压油藏。其中18个单元压力系数大于1.4，为超高压异常。

这里的异常高压程度——压力系数与油层渗透率没有明显关系，有些相近的油藏，高渗透层的压力系数很高，低渗透层的压力系数反而低。例如八区T_2^1开发单元，油层渗透率为295mD，压力系数高达1.51；而同一开发区的T_2^2开发单元，油层渗透率为16mD，压力系数仅为1.04，属正常压力系统（表1－9）。

初步分析，克拉玛依油田的异常高压不属欠压实类型，与油层渗透率高低（一般欠压实地层渗透率都低）也没有直接关系，主要与逆冲断层的挤压等作用有关。

（3）中部陕甘宁盆地。

陕甘宁盆地情况有些特殊，大多数油田都为异常低压油藏。全盆地14个油田（不包括延长油区）中，除与马岭相邻的3个油田为正常压力外，其他9个油田都为异常低压油藏，压力系数最高0.88（马坊油田），最低的只有0.77（油房子油田），平均为0.835。

表1－9　同一开发单元压力系数

开发区	开发单元	油层深度（m）	渗透率（mD）	压力系数
三2区	T_2^1	360～580	337	1.45
	T_2^2	320～540	413	1.74
八区	T_2^1	1950～2300	295	1.51
	T_2^2	1900～2100	16	1.04

一般来说，异常低压主要与盆地的隆升、地层降温、降压、孔隙流体体积的收缩和烃类的逸散有关。

陕甘宁盆地在三叠系沉积后受印支运动影响，整个盆地抬升并遭受剥蚀，随后的侏罗系地层沉积或超覆在古地貌之上。另外，陕甘宁盆地油层温度与东部地区油田比较相对较低，这些条件可能是形成异常低压的主要原因。

3. 驱动能量特征

我国低渗透油田基本上是低饱和油田，但饱和程度差异较大，有的油田饱和程度高，原油溶解气量多，如克拉玛依油田八区乌尔禾油藏，原始油层压力为35.9MPa，饱和压力是30.5MPa，原始气油比196m³/t。多数低渗透油田饱和程度较低，原油中溶解气量较少，如吉林新民油田，原始地层压力12.9MPa，饱和压力3.3MPa，原始气油比仅15m³/t。绝大部分低渗透油田属于构造—岩性圈闭或完全岩性圈闭油藏，再加上储层性质差，渗透率低，边底水能量微弱，对油藏驱动作用很小。

从以上情况可以看出，我国低渗透油田主要为弹性驱动油藏。弹性能量的大小依各油藏的地质特征和饱和程度的高低而有所不同，差异比较悬殊。

为了便于统一地分析对比，这里应用物质平衡方程式对一些主要低渗透油田的弹性能量进行了大致的计算，计算结果见表1－10。

表1－10　低渗透油田弹性采收率计算数据

油田	开采层位	原始地层压力（MPa）	饱和压力（MPa）	地饱压差（MPa）	地层原油压缩系数（10^4MPa^{-1}）	地层水压缩系数（10^4MPa^{-1}）	地层岩石压缩系数（10^4MPa^{-1}）	束缚水饱和度	综合压缩系数（10^4MPa^{-1}）	弹性采收率（%）
朝阳沟	扶余	8.4	6.9	1.5	15.7	4.52	8.6	0.43	34.198	0.51
龙虎泡	萨葡	14.1	10.8	3.9	19.5	4.43	6.8	0.4	33.787	1.3
新立	扶余	12.1	9.4	2.7	14.8	4.47	5.64	0.45	28.71	0.77
乾安	高台子	18.5	9.3	9.2	13.3	4.49	5.87	0.4	26.08	2.37
新民	扶余	12.9	3.3	9.6	8.1	4.23	5.97	0.47	15.705	1.5
大港马西	沙一	56.4	38.5	17.9	25.0	6.39	6.2	0.35	37.98	6.51
文东盐间	沙三	60.5	32.0	28.5	17.9	5.85	10.0	0.28	34.06	9.25
牛庄	沙三	45.5	9.3	36.2	7.6	5.13	(7.7)1	0.4	23.83	8.4
渤南三区	沙三	33.2	21.9	11.3	18.6	5.82	4.23	0.37	28.73	3.18
马岭	延安	14.5	4.2	10.3	8.1	4.52	5.74	0.36	19.61	2.0
安塞	延长	8.5	6.0	2.5	19.1	4.50	6.5	0.44	34.24	0.85
火烧山	平地泉	15.5	13.0	2.5	12.3	4.35	6.4	0.35	24.49	0.61
克一八区	乌尔禾	35.9	30.5	5.4	18.0	4.51	(7.44)	0.55	40.05	0.21
尕斯库勒	$E_3^{\ 1}$	59.1	11.9	47.2	7.8	4.91	(7.0)	0.35	21.21	9.56
老君庙	M	9.30	6.3	3.0	8.9	4.62	(6.53)	0.40	22.56	0.68

注：(1)括号内数据为参考数据。

(2)地层原油压缩系数和地层水压缩系数为应用经验公式计算得出。

从表1-10可以看出，弹性采收率与地饱压差的关系最为密切，地饱压差越大，弹性采收率越高。

总的看来，我国低渗透油田的弹性能量较小，除几个超高压油田计算的弹性采收率较高（6%～9%）外，多数油田都很低，只有0.2%～3.2%，平均为1.27%。对这样的油田一般需要采取补充能量的开发方式，才会取得较好的开发效果和较高的采收率。此问题在后面的章节再详细论述。

第二节　渗流特征

低渗透油层由于孔喉细小、结构复杂，渗流的阻力大，固液表面分子力作用强烈，使其渗流特征与中高渗透油层有很大的不同。通过近些年的大量研究实验，我国对低渗透油层的渗流机理特征有了进一步的了解和认识。

一、渗流环境特征及其对渗流的影响

1. 小喉道连通的孔隙体积比较大

为了进一步研究孔隙结构对油水分布和渗流过程的影响，需要定量地计算各类不同大小孔隙的体积占总孔隙体积的比例。为此，可以利用不同渗透率岩样的毛细管压力曲线，整理计算出各类不同大小孔道体积占岩样总孔隙体积的份额，用表或图示之。作为实例，根据长庆油田压汞资料，整理出不同渗透率岩样中半径小于1μm、小于0.75μm和小于0.5μm的孔道体积占总孔隙体积的份额，结果见表1-11和图1-4。

表1-11　各类孔隙体积占总孔隙体积的份额

渗透率(mD)	孔道体积的份额(%)		
	<1μm	<0.75μm	<0.5μm
>1000	<18	<16	<13
1000～500	18～21	16～18	13～14
500～200	21～25	18～21	14～17
200～100	25～30	21～25	17～20
100～50	30～35	25～29	20～24
50～20	35～43	29～35	24～30
20～10	43～50	35～40	30～33

续表

渗透率(mD)	孔道体积的份额(%)		
	<1μm	<0.75μm	<0.5μm
10~5	50~60	40~47	33~37
5~3	60~70	47~53	37~43
3~1	70~88	53~70	43~57
<1	>88	>70	>57

从表1-11和图1-4中可以看到,小孔道的孔隙体积占岩样总孔隙体积的比例随渗透率的减小而增大,而且渗透率越低,此比例上升的幅度就越大。

从这些资料中可以看到,对高渗透油层来说,例如渗透率为1000mD,孔道半径小于1μm的小孔隙所占孔隙体积的比例不超过20%,并且,这20%的孔隙体积可能还小于油层束缚水所占的数值。因此,高渗透油层采出的油主要来自大孔隙。但是,对于低渗透油层来说,情况就不同了,小孔隙所占的比例就大得多。例如,对于渗透率为3mD的油层,相应于小于1μm、小于0.75μm和小于0.5μm的情况,小孔隙分别占孔隙体积的70%、53%和43%。对于渗透率为1mD的油层,其相应值则分别为88%、70%和57%。因此,低—特低渗透油层采出的油主要来自小孔隙。

流体通过小孔隙的渗流与通过大孔隙的渗流有明显的差别。当孔隙小到一定程度时,它就将导致渗流规律的变化。

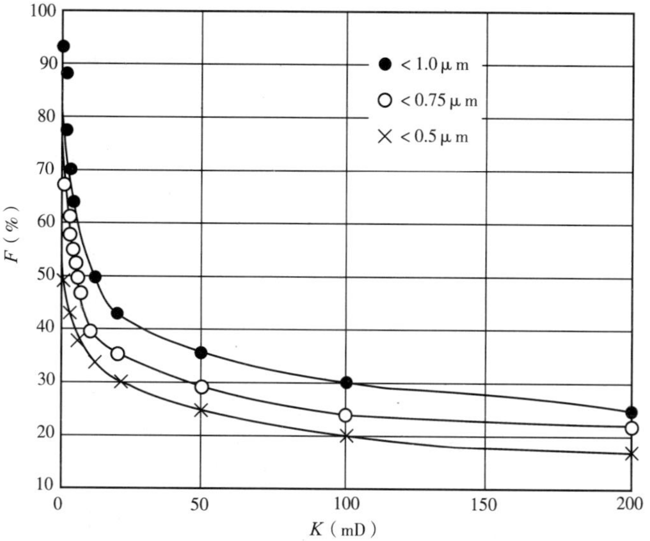

图1-4　不同孔道孔隙体积占总孔隙体积份额-渗透率曲线图

2. 比表面积大

岩石的比表面积是量度岩石颗粒分散程度的物理参数，一般岩石颗粒越细，比表面积越大。

吸附理论认为，物质的比表面积越大，其吸附力越强，吸附的物质越多。低渗油层的比表面积大，因而油层的束缚水一般较高，水驱油效率较低。

3. 岩石表面油膜量大

众所周知，原油是由烃类和非烃类化合物组成的复杂混合物，含有大量的极性物质。当它们与岩石颗粒表面接触时，就表现出明显的相互作用，这样，在岩石颗粒表面就形成一个富有极性物质的特殊液体层。该层多为原油的重质组分和胶质、沥青质，黏度和密度大，它们的数值都明显地大于体相原油的相应值。前苏联学者将这个特殊的液体层定义为原油边界层。

这个边界层的厚度与多孔介质的结构和原油的性质有关。多孔介质的孔道越小，原油胶质沥青含量高，密度黏度大，则原油边界层越厚。它对低渗油层中油水的渗流规律产生了重大影响。

边界层中原油的储量份额也随多孔介质和原油性质不同而变化，油层渗透率越低，原油黏度越大，则边界内原油占储油量的比例越大。

1)原油边界层与孔喉半径的关系

前苏联研究者的实验资料表明，在同一压力梯度下，毛细管半径减小，则原油边界层厚度增加。各种油样都保持了这种特征。表1－12列出了曼哈罗夫油田亚尔克耶夫区384井的数据，并示于图1－5。

表1－12　384号井原油边界厚度与孔道半径的关系

毛细管半径(μm)	原油边界层厚度(μm)				
	4.9×10^{-1}MPa/m	19.6×10^{-1}MPa/m	184×10^{-1}MPa/m	463×10^{-1}MPa/m	4056×10^{-1}MPa/m
350	0.52	0.34	0.24	0.20	0.14
100	0.65	0.37	0.33	0.25	0.15
62.5	0.65	0.39	0.33	0.27	0.17
9①	0.70	0.55	0.45	0.40	0.30
1.5	0.78	0.59	0.48	0.45	0.35

①石英砂，粒度0.12～0.15mm，比面积700 cm^2/g。

这些资料说明，油层的孔道越小，原油边界层的厚度就越大，它对低渗透率和特低渗透率油层中的流体渗流有着重要影响。

2)原油边界层厚度与原油性质的关系

不同性质的原油,其边界层的厚度也不同。沥青质含量较多的原油,在其他相同条件下,就会形成较大厚度的边界层,图 1-6 是原油中沥青质含量与边界层厚度的关系图,随着沥青质含量增大,边界层的厚度亦增大。

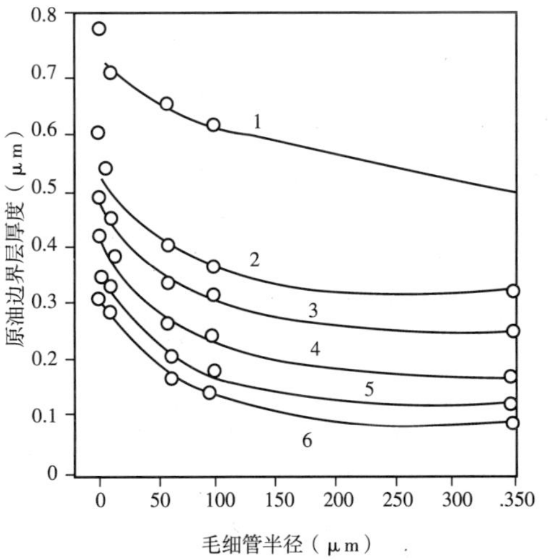

图1-5　原油边界层厚度与毛细管半径的关系曲线

1—4.9×10^{-1}MPa/m;2—19.6×10^{-1}MPa/m;

3—184×10^{-1}MPa/m;4—463×10^{-1}MPa/m;

5—1847×10^{-1}MPa/m;6—4056×10^{-1}MPa/m

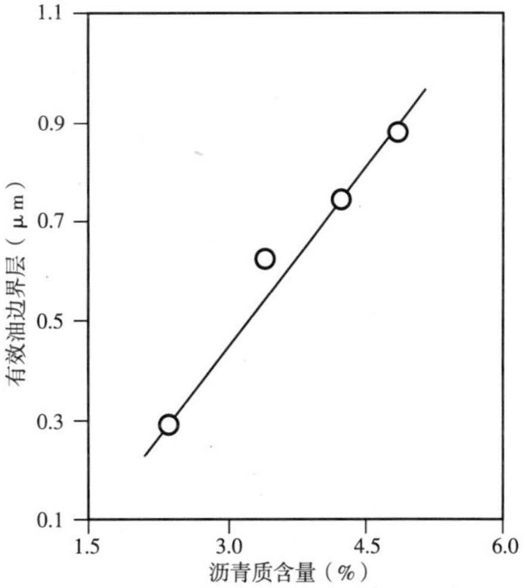

图 1-6　原油边界层厚度与原油沥青质含量的关系曲线

因为原油是一个复杂的烃类混合物,影响原油性质的因素是多方面的,对边界层厚度的影响因素也是多种多样的。例如,不仅沥青质的含量对边界层厚度有影响,而且沥青质的相对分子质量分布,以及其中某些金属络合物的含量,都会对边界层厚度有影响。

3)原油边界层厚度与压力梯度的关系

由于边界层内原油的组分呈有规律的变化,在越靠近固体表面的地方,重质油和胶质、沥青质的含量越大,边界层内原油的组分逐渐过渡到原油体相的组分。这表明,在距离固体表面不同的地方,原油边界层有不同的结构力学性质。

不同的压力梯度只能驱动具有相应结构力学性质的原油,不同结构力学性质的原油,有各自相应的极限剪切应力,当剪切应力等于或大于极限剪切应力时该原油方能流动,这就是在低渗透率或特低渗透率油层中渗流时,呈现一定启动压力梯度的根本原因。

从表 1-12 中可以看出,压力梯度的增加导致原油边界层厚度的减小,它们之间的关系在双对数坐标中作图,可以得到一条直线(图1-7)。

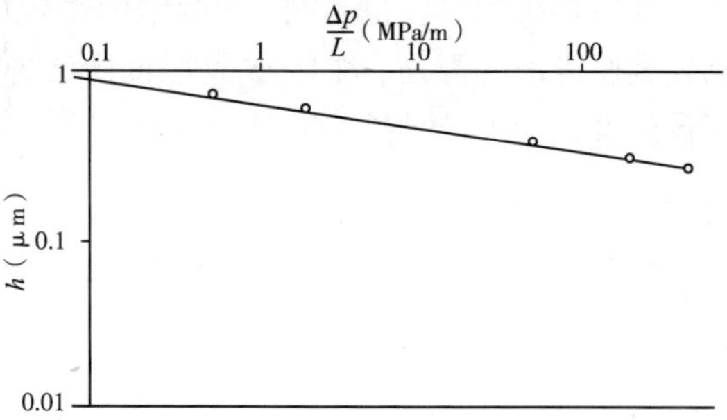

图1-7 原油边界层厚度与压力梯度的关系曲线

4)边界层中原油占储量的比例

在原油边界层中,越靠近固体表面的地方,其原油的流动越需要更大的驱动压力梯度。这说明,原油边界层的结构由于接近固体表面而变得更牢固了。同时也说明,在原油边界层中越靠近固体表面的地方,其原油的黏度和极限剪切应力也越大,其开采难度也越大,并将影响采收率大小。因此,对这类原油占储量的比例进行估算是很重要的。

实际储油层的孔隙结构是很复杂的,有很严重的非均质性,平均孔隙半径也非常小,特别是低渗透率和特低渗透率油田,这种特点更明显。因此,边界层影响更大。当平均孔径为3μm时,在厚度为0.5μm的边界层中储油量占总储油量的30%,厚度为0.7μm时储油量占41%,边界层厚度为1μm时储量可达55%(图1-8,表1-13),这些油是难以流动的。加上储层的非均质,还有更多的油被滞留在孔隙中。

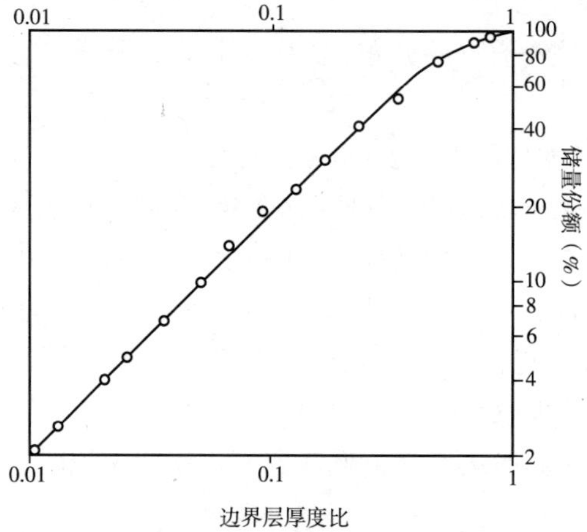

图1-8 原油边界层厚度比同储量份额的关系

表 1－13　不同孔道中边界层原油占储量的比例

孔道半径 r（μm）	边界层厚度 h（μm）	h/r	边界层内原油份数 F（%）
0.5	0.5	1.0	100
1.0	0.5	0.5	75
	0.7	0.7	91
3.0	0.5	0.17	30.56
	0.7	0.23	41.22
	1.0	0.33	55.56
5.0	0.5	0.10	19.00
	1.0	0.20	36.00
	1.5	0.30	51.00
	2.0	0.40	64.00
7.0	0.5	0.0071	13.78
	1.0	0.143	26.53

孔道半径 r（μm）	边界层厚度 h（μm）	h/r	边界层内原油份数 F（%）
10.0	0.2	0.02	3.96
	0.5	0.05	9.75
	2.0	0.20	36.00
	3.0	0.30	51.00
15.0	0.2	0.013	2.58
	0.5	0.33	6.56
	2.0	0.13	24.89
	3.0	0.20	36.00
20.0	0.2	0.01	1.99
	0.5	0.025	4.94
	0.7	0.035	6.88
	1.0	0.05	9.75
	1.5	0.075	14.44

应该指出，关于原油边界层的实验是在无束缚水条件下进行的，它原则上适用于亲油的油层。我国低渗透率油层大部分是亲水的，那么原油边界层的影响是否存在呢？对于油藏岩石表面的润湿性，人们通常用接触角或润湿指数来表征，它们都是统计平均的表征量，实际上，油藏岩石表面的润湿现象要复杂得多，尽管低渗透率油层的岩石表面性质总体是亲水的，但岩石表面仍有一部分斑状亲油。长庆马岭油田延安组油层资料可以充分说明这一问题，根据中区 153 块样品吸入法测试润湿性的结果，平均相对吸水量 15.58%，相对吸油量 0.85%。油层润湿性属于亲水。然而具体分析不同样品的结果可以发现，随渗透率增大，吸水量迅速降低，而吸油量有所增加（图 1－9）。

因而在单相渗流时，边界层的影响是存在的，即使在油水二相流动的情况下，由于岩石的润湿性是斑状不均匀的，总有一部分亲油的岩石表面有边界层存在。

综上所述可以看出，在原油和岩石颗粒表面直接接触的地方，吸附原油中的胶质和沥青质等组分形成一个原油边界层，其厚度与原油的物理化学性质、孔隙孔道半径大小及驱动压力梯度等因素有关。边界层中的原油和体相原油在成分方面有差别，在边界层中原油形成某种结构，必须在非常大的驱动压力梯度下才能流动。

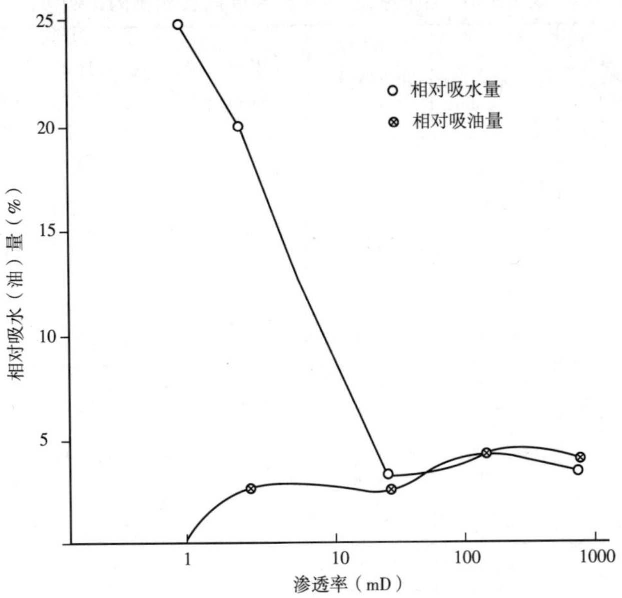

图1－9　马岭油田中一区相对吸油吸水量与渗透率关系图

所以，边界层中的原油具有较高的黏度和极限剪切应力。当油层的平均孔道半径越小时，难以开采的原油的比例就越大，原油的采收率就越低。这对低渗透率砂岩油层，特别是特低渗透率砂岩油层，将是一个不可忽视的影响渗流特征的因素。

4. 毛细管压力的影响显著

由于储层是由无数微小的孔隙组成的，可以把它们近似地看成是众多直径不同的毛细管。当多相流体在这些毛细管中流动时，由于各相流体对毛细管壁润湿性的不同，在不同流体间的界面上（一般为弯曲的）产生毛细管压力。毛细管压力一般用下式表示：

$$p_{c1} = \frac{2\sigma\cos\theta}{r} \qquad (1-2)$$

式中　σ——界面张力；

θ——三相接触角，即润湿角；

r——毛细管半径。

在界面张力（σ）和润湿角（θ）一致的情况下，毛细管压力的大小与毛细管半径成反比，即毛细管半径越小，毛细管压力越大。

低渗透油层喉道半径很小，其毛细管压力非常大，对渗流的影响相当显著。

5. 贾敏效应显著

当珠泡在某一驱动压力梯度下开始克服上述阻力而运动时，珠泡的弯月面就产生形变，从而产生第二种毛细管压力。

$$p_{c2} = 2\sigma\left(\frac{1}{R''} - \frac{1}{R'}\right) \tag{1-3}$$

式中　p_{c2}——第二种毛细管压力；

R'——$\cos\theta'/r$；

R''——$\cos\theta''/r$。

因此，只有当驱动珠泡的压力梯度克服了 p_{c1} 与 p_{c2} 以及液膜阻力以后，珠泡才能流动。

从上述毛细管压力的公式中可以看到，毛细管半径越小，毛细管压力越大，它们之间成反比关系。这里要特别强调的是：低渗透率油层，尤其特低渗透率油层的孔道半径很小，相当于中高渗透率油层孔道半径的几十分之一。这种特点显著地反映在两相渗流的规律中，即低渗透率油层中的两相（如油和水）流动规律，将明显地区别于中高渗透率油层中的流动规律，如相对渗透率的变化规律。

上面讲到的毛细管力都是发生在等径毛细管中的。但是，油层的孔隙系统是不同大小的孔隙与连通的喉道所组成的一个复杂的孔隙网络。因此，当珠泡流动到孔道窄口时就遇到阻挡，如图 1－10 所示，要使珠泡通过窄口，则需要克服珠泡遇阻变形所发生的第三种毛细管压力。这就是所谓的贾敏效应。

$$p_{c3} = 2\sigma\left(\frac{1}{R_1} - \frac{1}{R_2}\right) \tag{1-4}$$

孔喉比（B）是孔隙半径与孔喉道半径的比值。在上式中，R_1 与 R_2 可近似地用孔隙和喉道的关系表示。

$$B = \frac{R_2}{R_1} \qquad R_2 = BR_1 \tag{1-5}$$

将式（1－5）代入式（1－4），贾敏效应则可写为：

$$p_{c3} = \frac{2\sigma}{R_1}\left(1 - \frac{1}{B}\right) \tag{1-6}$$

对强亲水地层，则：

$$p_{c3} = 2\left(1 - \frac{1}{B}\right)p_{c1} \tag{1-7}$$

低渗透率砂岩油藏中孔喉变化的频繁程度要比中高渗透率油藏更甚，孔喉比更大，贾敏效应将更显著（图 1－11）。

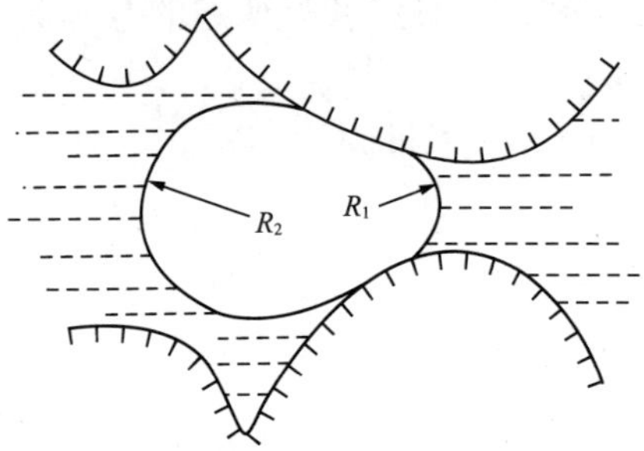

图 1－10　珠泡在孔道窄口遇阻变形示意图

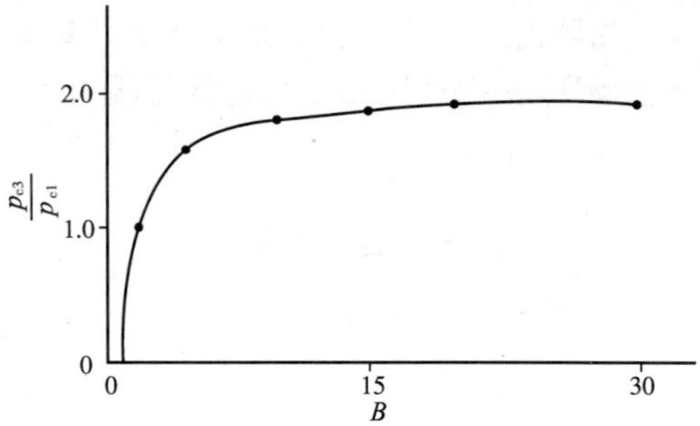

图 1－11　贾敏效应与孔喉比的关系

6. 卡断现象严重

通过砂岩微观孔隙模型水驱油实验（录像扫描）看出，在连续油流通过岩石孔隙喉道时，由于低渗透层喉道半径很小，毛细管压力急剧增大，当驱动压力不足以抵消毛细管压力效应时，油流将被卡断，连续的油流变为分散的油滴，见图 1－12。这种流动形态的变化将导致渗流阻力的增大和驱油效率的降低。

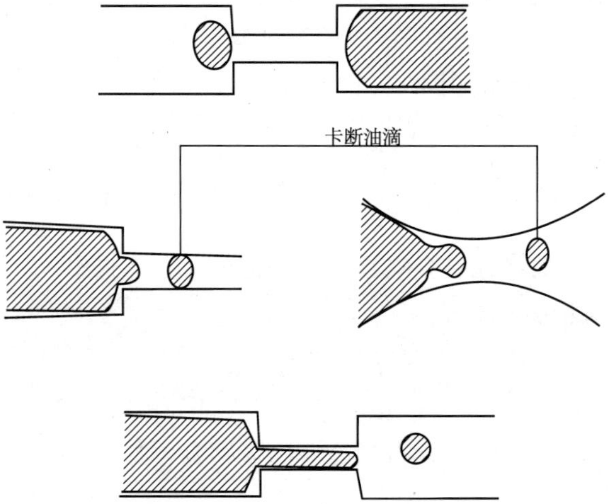

图 1－12　卡断现象示意图

7. 可动的流体饱和度小

北京石油勘探开发研究院渗流研究所开发了用核磁共振仪研究油层微观孔隙结构和渗流特征的技术。

可动流体饱和度与裂缝孔隙度密切相关。低渗透储层含油饱和度低，驱油效率也比较低，而且规律性不强，过去用普通方法很难准确测定。

渗流流体力学研究所在消化吸收引进的高磁场(47000Oe❶)核磁共振仪的基础上,研究成功了一套低磁场(470～1175Oe)的核磁共振岩心分析系统,为研究低渗透储层的孔隙结构和渗流特征提供了先进的实验手段。

其原理是:流体在岩心中的分布存在着一个弛豫时间界限,大于这个界限,流体处于自由状态;小于这个界限,流体处于束缚状态。不同储层,其岩心界限不同。图1－13是岩心核磁共振测试和离心实验测试结果得到的可动流体的对比图。曲线1为岩心饱和流体后核磁共振测得的弛豫时间图谱。左边峰对应的是束缚状态流体,右边峰对应的是自由状态流体。曲线2为经离心实验后核磁共振测得的弛豫时间图谱。右边峰对应的是自由状态的流体,也就是说可动流体的峰消失了。但左边的峰还在,说明在一定的驱体压力下,这部分流体是不可动的。

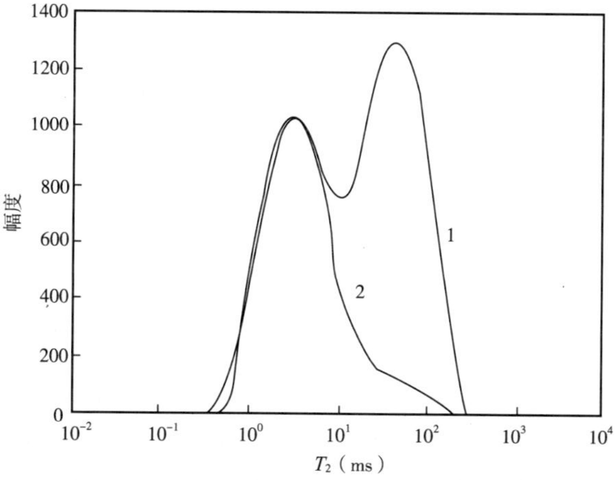

图1－13 饱和流体岩心离心前后的弛豫时间图谱

利用这套技术方法,对4个裂缝性低渗透油藏——新疆小拐油田、青海狮子沟油田、长庆安塞油田和大庆头台油田的岩心进行了测试和初步分析,结果见表1－14。

表1－14 4个油田可动流体测试结果

油田	平均孔隙度(%)	平均渗透率(mD)	平均可动流体饱和度(%)
新疆小拐	7.26	—	13.31
青海狮子沟	3.2	0.016	10.67
长庆安塞	14.59	8.13	44.27
大庆头台	9.7	0.97	28.57

❶ 1Oe＝79.5775A/m。

小拐油田为裂缝性砾岩储层，基质物性很差，平均孔隙度只有7.26%，裂缝发育很不均匀，可动流体饱和度特别低，仅13.31%。其典型岩心测试结果见图1-14。

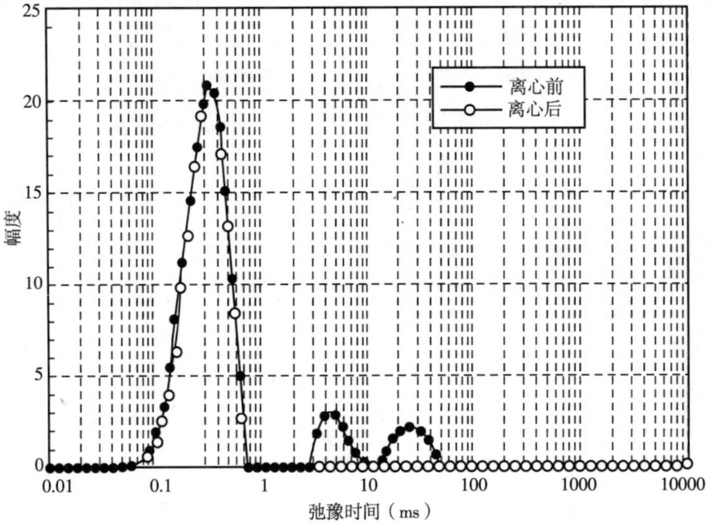

图1-14　小拐油田岩样离心前后的弛豫时间图谱

安塞油田为带裂缝（微小）的砂岩油层，基质孔隙度较高，可动流体饱和度较大，见图1-15。

（1）可动流体饱和度与孔径分布的关系：用核磁共振测出的含油毛细管孔径分布曲线，如图1-16中的曲线S_{oi}所示。以曲线凹处（0.5μm）为分界点，较小（小于0.5μm）孔隙中的为不可动流体，较大（大于0.5μm）孔隙中的流体为可动流体，图1-16所示的可动流体为总流体量的51.9%。

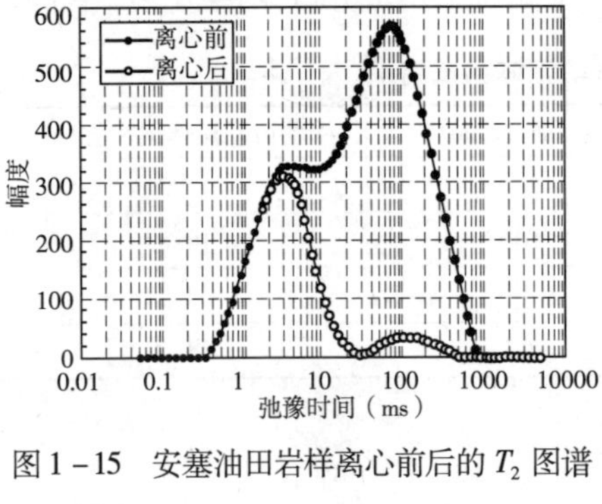

图1-15　安塞油田岩样离心前后的T_2图谱

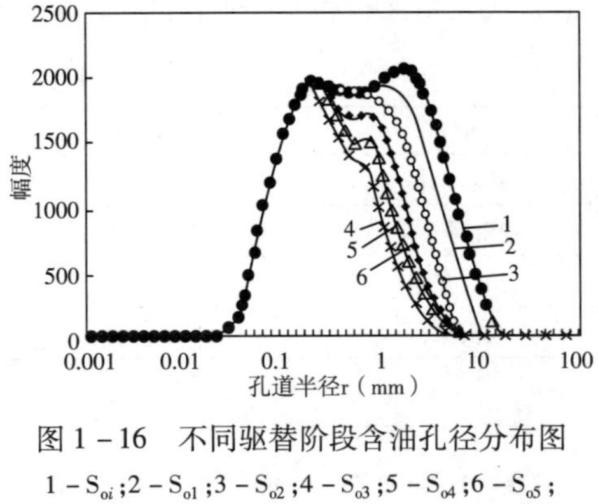

图1-16　不同驱替阶段含油孔径分布图

1－S_{oi}；2－S_{o1}；3－S_{o2}；4－S_{o3}；5－S_{o4}；6－S_{o5}；

(2)驱替过程中岩石内含油孔径分布：

图1－16中的S_{o1}、S_{o2}、S_{o3}、S_{o4}、S_{o5}线，为在高驱替速度(14m/d)下不同阶段含油孔径分布曲线。可以看出，水首先进入较大孔道，再依次进入较小孔道，把油驱出。

二、低渗透油层的非达西渗流特征

众所周知，在油藏工程和渗流力学研究中一直以达西定律为主要基础，达西定律的表达式是：

$$v = -\frac{K}{\mu}\frac{\mathrm{d}p}{\mathrm{d}l} \tag{1-8}$$

式中　v——视渗流速度；

K——渗透率；

μ——流体黏度。

达西定律的假设条件为：流体为均质的牛顿流体，液流为层流状态，流体与孔隙介质不起作用。

中高渗透油层的状况与上述假设条件比较接近，因而原来以达西定律为基础的渗流研究理论和方法，对中高渗透油藏开发基本适应。但低渗透油层的情况则大不相同。低渗透油层的许多特点和现象，与达西定律所假设的条件相差很大，因而简单用达西定律及其所衍生的理论方法，难以认识和指导低渗透油藏的科学合理开发，需要作进一步的研究和探讨。

1. 非达西渗流的室内实验

早在20世纪50—60年代，国外就有非达西渗流的提法。我国西安石油学院闫庆来等最先用地层水和原油通过天然岩心进行渗流实验，结果(图1－17)表明，在渗透率较低时，无论是水还是原油，都有较明显的启动压力梯度显示，即产生非达西渗流现象。

这些实验资料的共同特点是：

(1)当压力梯度在比较低的范围时，渗流速度的增加呈上凹形非线性曲线；

(2)当压力梯度较大时，渗流速度呈直线性增加：

(3)该直线段的延伸与压力梯度轴交于某点而不经过坐标原点，称这个交点为启动压力梯度；

(4)在实验范围内湍流影响不明显(图1－18)；

(5)渗流特征与渗透率及流体性质有关，渗透率越低或原油黏度越大，上凹形非线性曲线段延伸越长，启动压力梯度越大(图1－19)。

渗流力学研究所作了进一步的实验分析，同样发现在渗透率较低时，存在启动

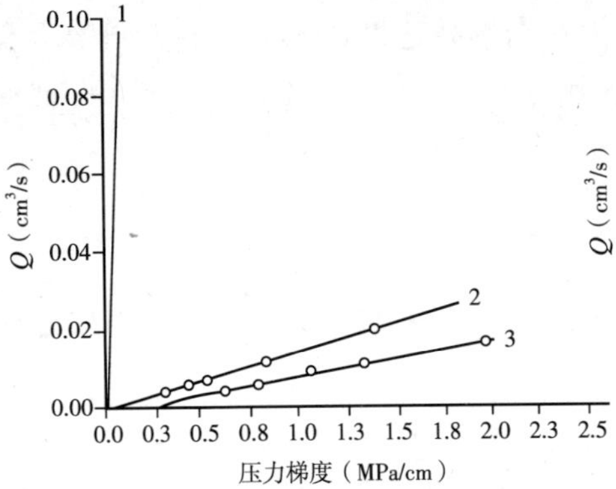

（a）地层水通过天然岩心的渗流曲线

1—29.08mD;2—0.614mD;3—0.244mD

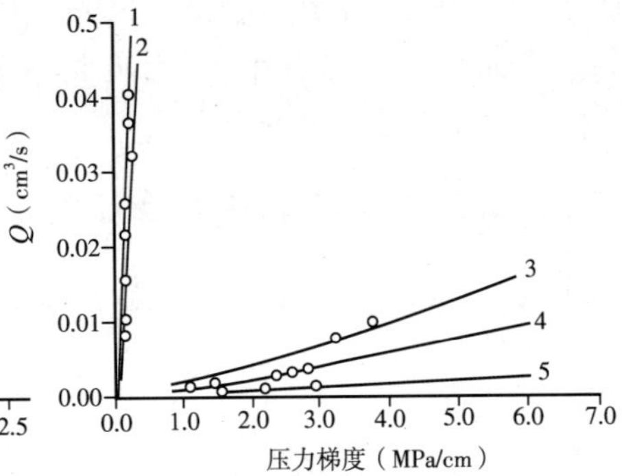

（b）原油的渗流曲线

1—29.08mD;2—25.53mD;3—1.06mD;4—0.523mD;5—0.420mD

图 1－17　天然岩心渗流曲线

压力梯度——即非达西渗流现象(图 1－20)。

低速非达西渗流的临界条件,与流体性质和渗流速度都有关系,渗流力学研究所经过综合研究分析提出,如果流体黏度为 5mPa·s 采用 1m/d 的速度,那么渗透率小于 28mD 的储层将为非达西渗流(图 1－21)。

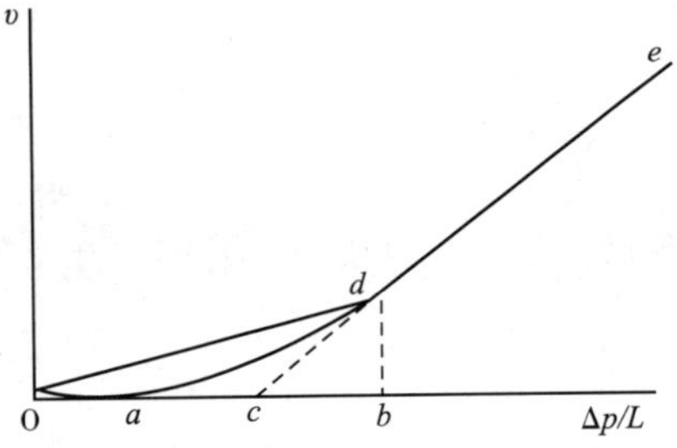

图 1－18　非达西渗流图

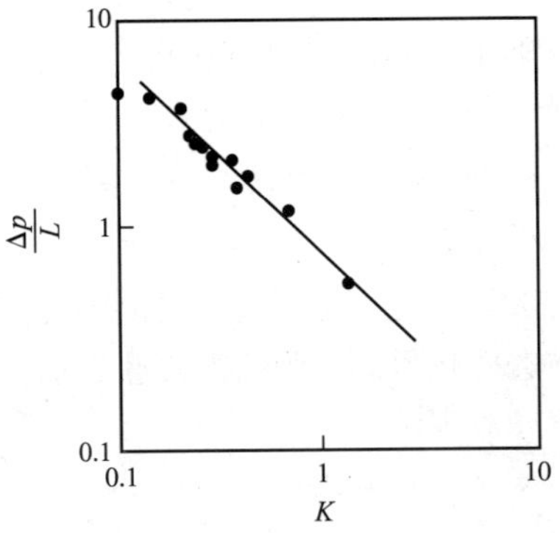

图 1－19　启动压力梯度与渗透率关系曲线

2. 非达西渗流对油藏开采的影响

黄延章推导出了存在启动压力梯度即非达西渗流条件下油井产量的计算公式。

当存在启动压力时,单井产量的计算公式为:

$$Q = \frac{2\pi hK}{\mu \ln \frac{r_H}{r_w}}\left[p_H - p_w - \sqrt{\frac{\phi}{2K}}\tau_0(r_H - r_w)\right] \tag{1-9}$$

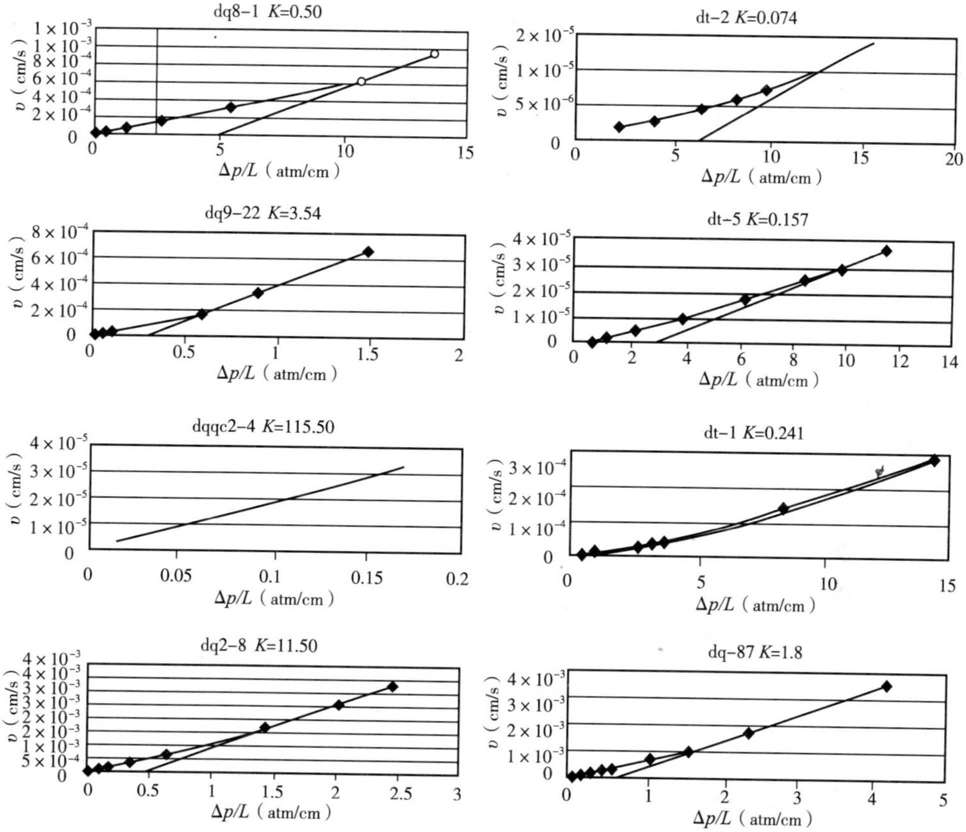

图 1－20　模拟油和蒸馏水渗流实验曲线

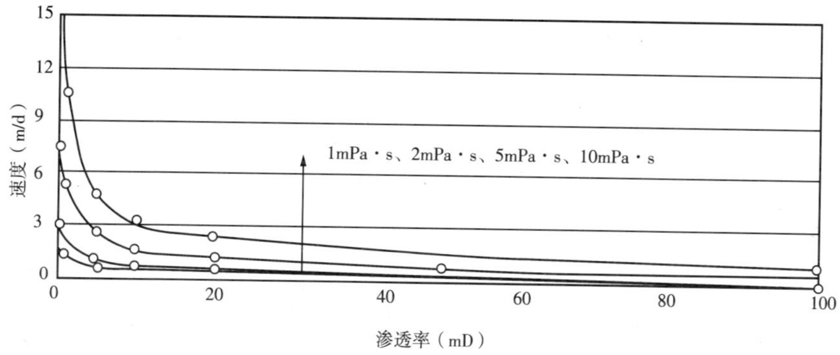

图 1－21　低速非达西渗流的黏度、渗透率、渗流速度临界条件

或 $$Q = \frac{2\pi hK(p_H - p_w)}{\mu \ln \frac{r_H}{r_w}}\left[1 - \frac{\sqrt{\frac{\phi}{2K}}\tau_0(r_H - r_w)}{p_H - p_w}\right] \tag{1-10}$$

式中 Q——油井产量；

h——油层厚度；

ϕ——油层孔隙度；

r_H——供油半径；

r_w——井眼半径；

p_H——供油边界压力；

p_w——流动压力；

τ_0——极限剪切力。

其余符号同前。

式(1－10)为计算单井产量的方程式，它与计算中高渗透性油层产量公式的差别在于公式的右端方括号中数值的大小。从式(1－10)可以看出，当存在启动压力时单井产量将减小，其减小的幅度与渗透率有关，与原油的极限剪切应力有关，也与井距有关。渗透率越小，原油的极限剪切应力越大，井距越大，产量减小幅度越大。

利用上述公式，在接近安塞油田情况的条件下作了计算，图1－22示出了不同井距时产量下降的幅度，它表明，当井距为200m时，产量下降20%，即由于启动压力的存在，单井产量比用达西定律计算的产量减少20%。图1－23为不同生产压差时产量下降幅度的变化，它表明，当存在启动压力时，生产压差越大，产量降低的幅度就越小。

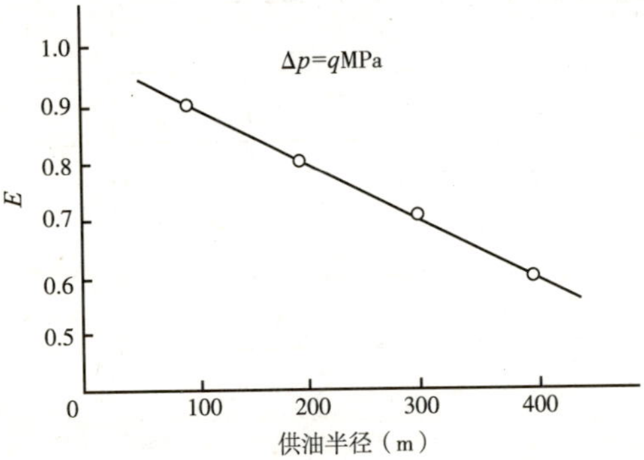

图1－22　产量减小幅度与井距关系曲线

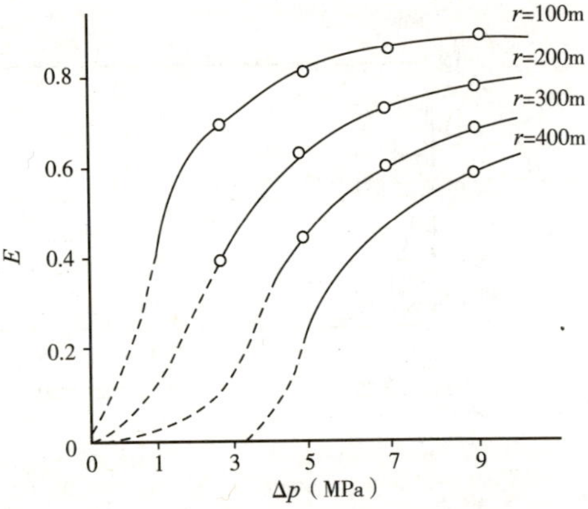

图1－23　产量减小幅度与生产压差关系曲线

从式(1－10)来分析,影响油井产量降低的因素主要有四个:

(1)渗透率越低,油井产量降低的程度越大;

(2)在渗流过程中原油的极限剪切应力越大,油井产量降低的程度越大;

(3)井距越大,油井产量降低的程度越大;

(4)生产压差越小,油井产量降低的程度越大。

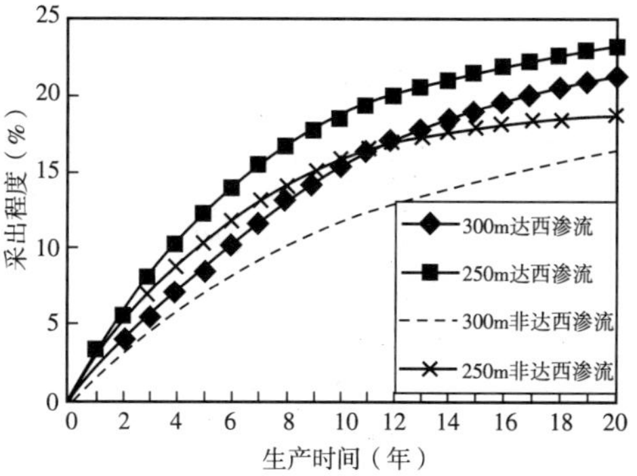

图1－24　达西渗流与非达西渗流的对比

由此,也可以看到开发好低渗油藏应该注意以下几个主要问题:

(1)用压裂等技术手段提高油层的渗透率,至少是井底附近油层的渗透率,以减少启动压力造成的影响,因此整体压裂改造是开发低渗透油藏不可缺少的工作。

(2)降低原油的极限剪切应力。可以采用化学处理,提高地层温度,或其他物理场效应的方法等来达到此目的。

(3)在技术经济指标允许范围内,井距采用偏小一些的为宜;

(4)尽量采用大一些的生产压差。

北京石油勘探开发研究院开发所对非达西渗流的数值模拟软件进行了开发研究。

首先给出非达西渗流公式:

$$U = -\frac{K}{\mu}\Delta p \frac{1}{1 + a\exp(-b\Delta p)} \tag{1-11}$$

式中　a、b——非达西渗流参数,它是根据岩心渗流实验资料回归得出的。

根据非达西渗流参数 a、b,建立数学模型,对原来的商用软件进行改造,得出了非达西渗流油藏数值模拟软件。

应用原有的和改造后的非达西渗流数值,以及新民油田小井距实验井组参数进行了模拟计算,见图1－24。从图中可以看出,无论300m井距还是250m井距,非达西渗流都比达西渗流的采出程度低5%左右。油藏注水开发一年后压力场的分布状况见图1－25和图1－26。

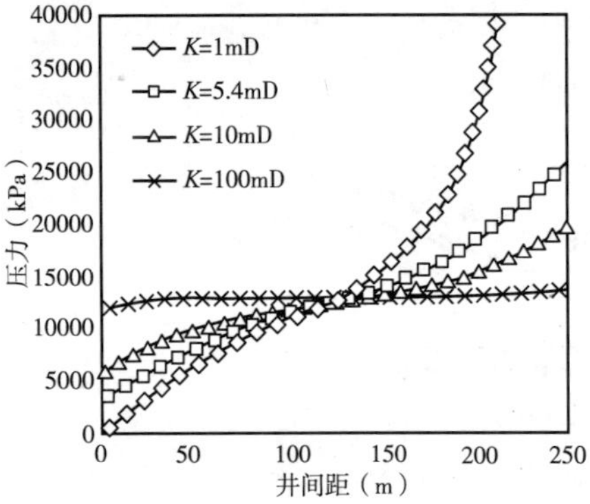

图1－25 渗透率不同压力场的分布

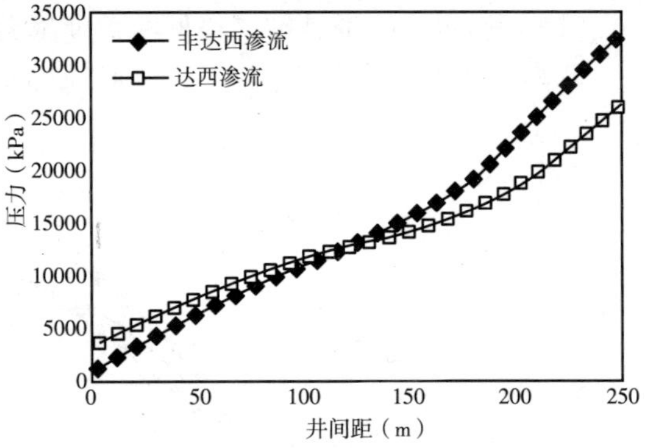

图1－26 达西渗流与非达西渗流的压力场对比

三、低渗透油层的两相渗流特征

上面简述了低渗透油层若干单方面的渗流特征及其影响因素，现在对其总的渗流特征再作一简要综合描述。

1. 相渗透率曲线特征

最能代表两相渗流特征的就是油水两相渗流的相渗透率曲线，见图1－27。

从理论上讲，储层和流体主要的物理化学性质，如渗透率和孔隙结构、原油黏度和油水黏度比以及表面湿润性和原油边界层厚度等，在相渗透率曲线中都可得到反映。而相渗透率曲线的特点也就反映了不同类型储层的水驱油特征和效果。

与中高渗透油层相比，低渗透油层在相渗透率曲线上表现出如下主要特点（图1－28）：(1)束缚水饱和度高，原始含油饱和度低；(2)两相流动范围窄；(3)残余油饱和度高；(4)驱油效率低；(5)油相渗透率下降快；(6)水相渗透率上升慢，最终值低；(7)由此而产生的结果是见水后产液（油）指数大幅度下降。

以上是理论上的描述和分析。实际上在一个油藏中不可能有完全不同类型的油层，也由于资料的代表性等原因，难以用十分典型的实际相渗透率曲线资料进行全面的对比分析，只能相对地进行一些比较。

鄂尔多斯盆地岩石相渗曲线，具有随含水饱和度的增加油相渗透率下降快，水相渗透率上升慢且抬不起来，束缚水饱和度高，两相共渗区窄等特点，岩石润湿性偏亲水（图1－29）。

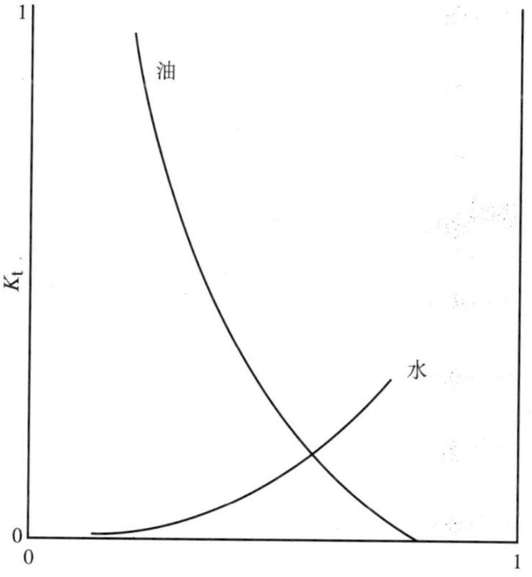

图 1－27　归一化水—油相渗透率曲线

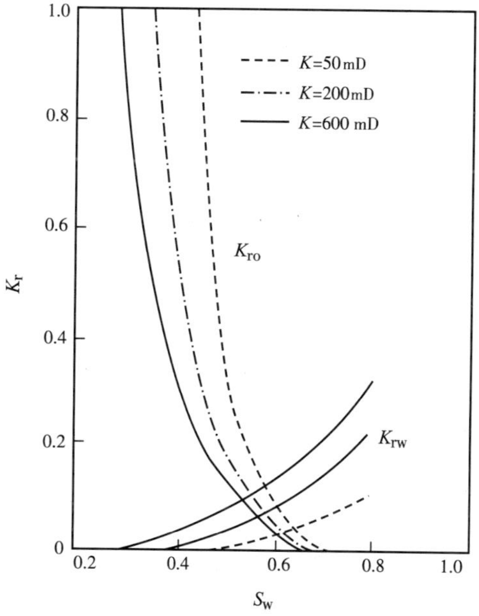

图 1－28　不同渗透率的相渗透率曲线

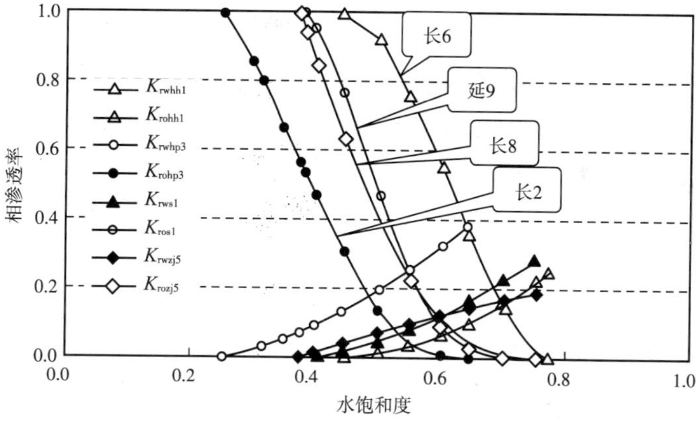

图 1－29　鄂尔多斯盆地不同油层相渗透率曲线

2. 低渗透油层的无量纲产液(油)指数

在低渗透油层中，由于油相的渗流存在启动压力梯度，根据前面提到的运动方程，无量纲产液指数和无量纲产油指数由下列方程计算。

无量纲产液指数 H_L^0 为：

$$\eta_{\mathrm{L}}^{0}(f)=\frac{1}{K_{\mathrm{ro}}(S_{\mathrm{ew}})}\left[K_{\mathrm{ro}}(S_{\mathrm{w}})+\frac{M\cdot K_{\mathrm{rw}}(S_{\mathrm{w}})}{1-\frac{\sqrt{\frac{\phi}{2K}}\tau_{\mathrm{o}}}{\frac{\Delta p}{L}}}\right] \quad (1-12)$$

无量纲产油指数 η_{o}^{0} 为：

$$\eta_{\mathrm{o}}^{0}(f)=\frac{K_{\mathrm{ro}}(S_{\mathrm{w}})}{K_{\mathrm{ro}}(S_{\mathrm{ew}})} \quad (1-13)$$

式中　$K_{\mathrm{ro}}(S_{\mathrm{ew}})$——束缚水条件下的油相相对渗透率，为常数，该值在归一化相对渗透率曲线中等于1；

M——油水黏度比，该值增大将导致水相比例增大；

$K_{\mathrm{ro}}(S_{\mathrm{w}})$——在某一含水饱和度条件下油相的相对渗透率，对低渗透油层来说，在油水两相渗流时，由于孔隙系统喉道的细小而使贾敏效应增强，随着含水饱和度增加，该值急剧下降；

$K(S_{\mathrm{w}})$——在 S_{w} 时水相的相对渗透率，对低渗透油层来说，由于孔隙介质喉道的细小而引起贾敏效应增强，以及黏土膨胀等因素，该值一般处于很低的范围（0.1～0.2）；

$\sqrt{\frac{\phi}{2K}}\tau_{\mathrm{o}}$——启动压力梯度，地层的渗透率越小，此值越大，油的极限剪切应力越大，此值也越大。

图1－30为无量纲产液指数和无量纲产油指数随含水率的变化曲线，从图1－30中可以看出，随着含水率的增加，不论是无量纲产油指数还是无量纲产液指数，都从1急剧下降到0.4，然后继续缓慢下降；同时还可以看到，当考虑启动压力梯度时，无量纲产液指数比不考虑启动压力梯度时增大，它表示水相在两相流中的比例增大。

对于高渗透油层，无量纲产液（油）指数的变化与低渗透油层的不同（图1－31），无量纲产液指数一般将逐渐上升，无量纲产油指数下降较缓慢。

在低渗透油田的生产实践中，油田平均的无量纲产液指数曲线随含水率的增加而下降，继而稳定，最后才有所回升；无量纲产油指数则急剧下降，用相对渗透率资料和油水黏度比计算的曲线与油田生产数据统计的大体一致（图1－32）。

据统计，我国低渗透油田的油水黏度比一般都比较低。

从上述分析看出，低渗透油层中随着含水饱和度的增加，K_{ro} 急剧下降，而 K_{rw} 则很小，一般为0.1～0.2，而油水黏度比又不大。这就决定了低渗透油井见水后无量纲产液指数大幅度下降，因此，我国低渗透油田无量纲产液指数一般呈上升趋势，见图1－33。

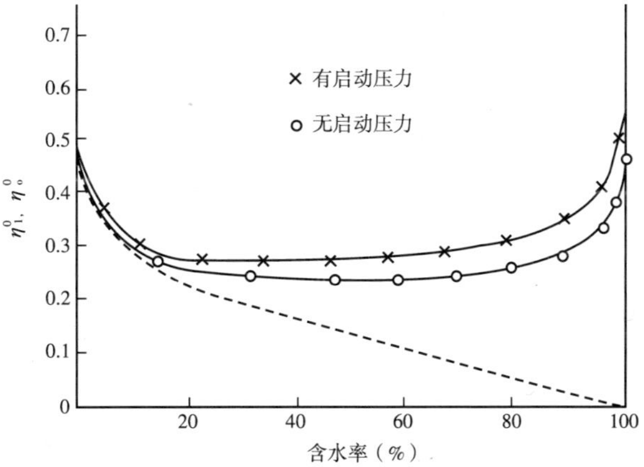

图 1－30　低渗透油层无量纲产液(油)指数的变化图

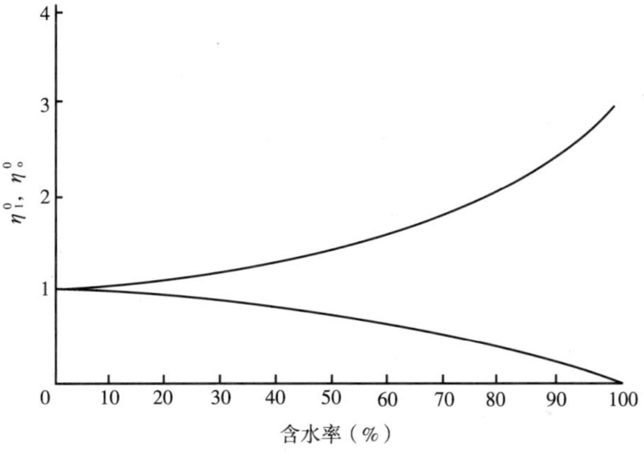

图 1－31　高渗透油层无量纲产液(油)指数的变化图

对文东、马岭、渤南、乾安和新立等油田生产实际资料的统计表明，这些低渗油田的无量纲产油指数在见水初期急剧下降，曲线是下凹形，在整个开发期平均保持初始值的 12%～14%，即在油田开发期间，无量纲产油指数为初始值的 1/4。

从上述分析可以看出，低渗透油田油井见水后，采液指数低，提液困难，加剧了产油量的递减，从而增加了低渗油田开发的难度。

为了开发好低渗透油田，应该根据油田的实际情况，开发和应用配套的新技术，其目的是保持较高的地层能量，提高地层的渗流能力，降低残余油饱和度，扩大波及体积，以便更有效地动用有限的储量；同时增强油井举升能力，以解决提液困难的矛盾。

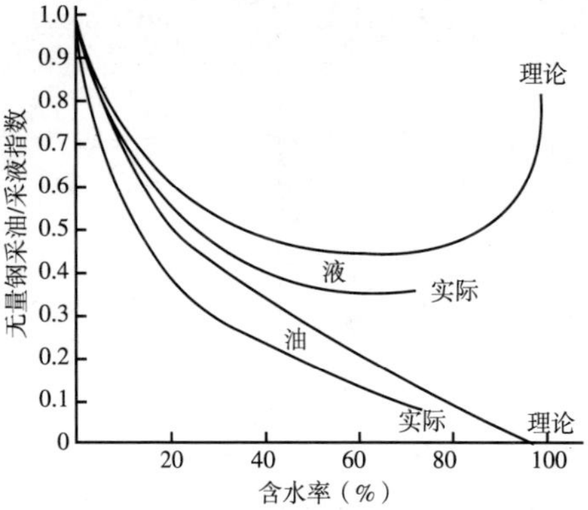

图 1－32　马岭油田计算与实际无量纲产液（油）指数的曲线

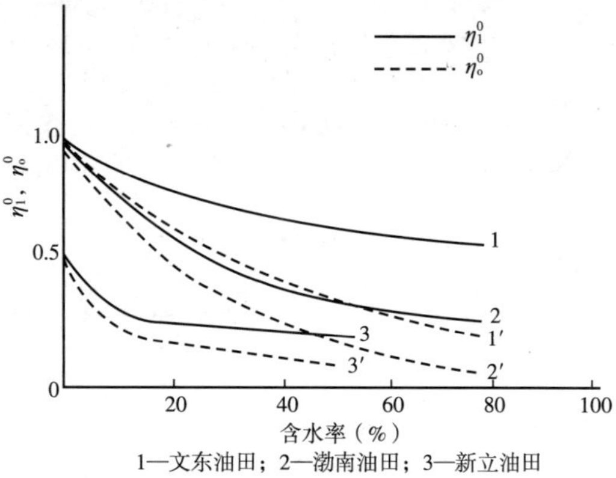

图 1－33　我国几个低渗透油田的无量纲产液（油）指数的变化图

四、低渗透油层的流固耦合特征

低渗透油田开发中有个非常突出的现象，就是随着地层压力的下降，采油指数急剧减小，即使注水后地层压力回升，采油指数也很难恢复。

通过大量观察实验，人们认识到这是油层压敏效应，亦即流固耦合作用反应。

在传统的渗流力学计算中，一般假设多孔介质是刚性的，但是实际的储层具有弹塑特性，表现在孔隙度，特别是渗透率等物性参数随压力的改变而发生变化，低渗透介质更为显著。

近期渗流力学研究所在这方面做了大量实验研究工作，并取得了新的成果和认识。室内实验结果见图 1－34 和图 1－35。

渗流力学研究所编制了计算低渗透油藏流固耦合渗流的程序，进行了是否考虑流固耦合作用的对比计算（图 1－36），以及不同注水时机油藏开发指标的对比计算（图 1－37）。

北京勘探开发研究院开发所也推导出了压敏介质的双渗数学模型，并以小拐油田为例进行了计算（图 1－38）。

上述实验研究结果说明，低渗透油藏地层压力下降后，储层渗透率大幅度减小，对油藏开发造成明显的不利影响。因而对低渗透油藏一般应采用早期注水或注气保持压力的开发方式。

为了对鄂尔多斯盆地油田长 8 油藏的压力敏感性从机理上进行深入的分析研究，采集岩样做了大量的室内实验，以确定压力敏感性的大小以及影响因素。

随着有效应力的增加，渗透率逐渐降低，当有效应力初始增加时渗透率下降很快，当达到一定有效应力时，渗透率下降幅度逐渐变缓。随着有效应力的恢复，渗透率并不能恢复到原来有效应力所对应的大小。这就是常见的渗透率滞后现象（图 1－39）。

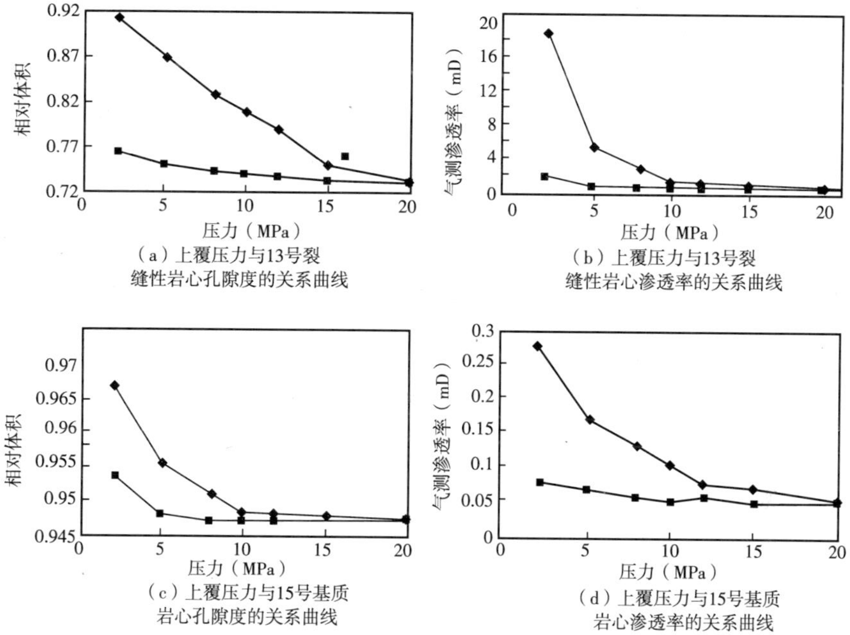

（a）上覆压力与13号裂缝性岩心孔隙度的关系曲线

（b）上覆压力与13号裂缝性岩心渗透率的关系曲线

（c）上覆压力与15号基质岩心孔隙度的关系曲线

（d）上覆压力与15号基质岩心渗透率的关系曲线

图 1－34 上覆压力对岩心孔隙度和渗透率的影响

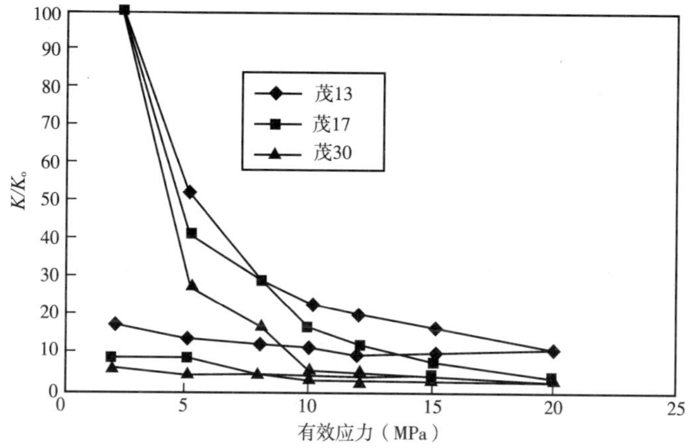

图 1－35 天然裂缝岩心渗透率与有效应力关系曲线

从有效应力与渗透率损害率的关系曲线看（图 1－40），随着有效应力的增加，渗透率逐渐降低，且降低幅度逐渐加大，渗透率降低幅度在 56.33%～97.13%。

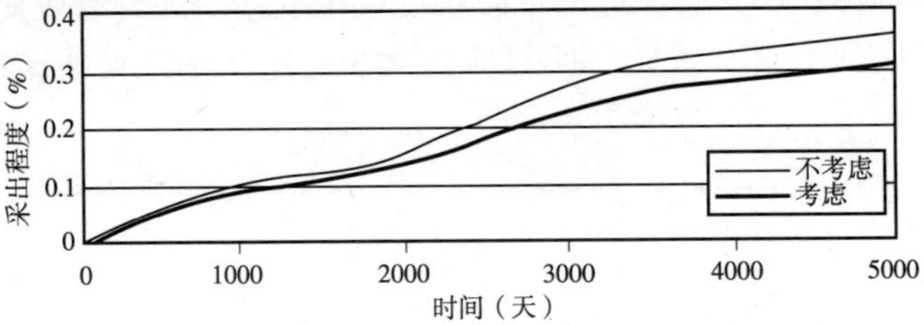

图1－36　考虑与不考虑流固耦合作用的油藏开发指标对比

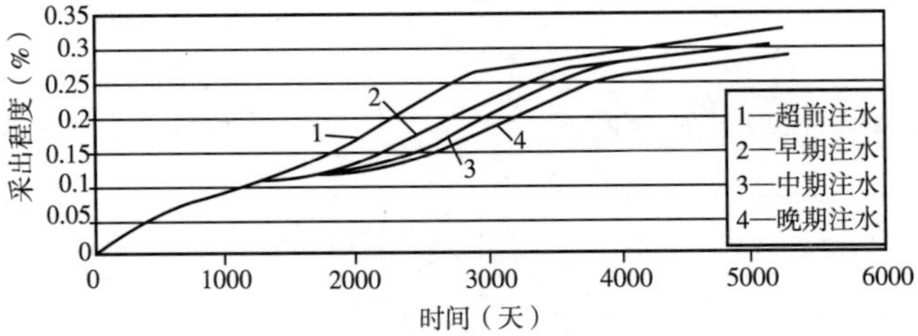

图1－37　不同注水时机油藏开发指标变化

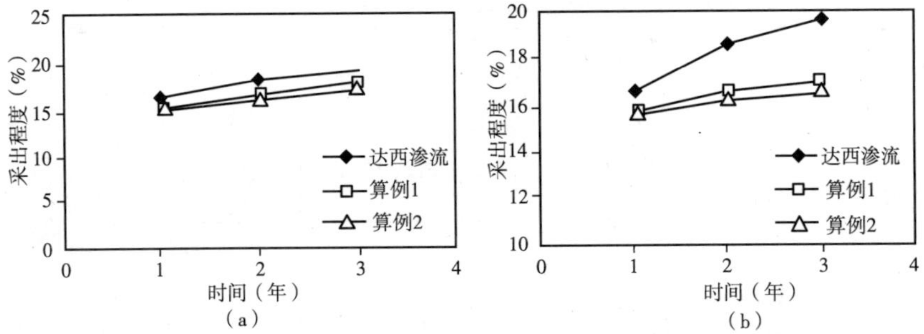

图1－38　非达西渗流和流固耦合作用的油藏开发指标对比

渗透率随孔隙流体压力的降低而降低，随孔隙流体压力的增加而增加（图1－41和图1－42）；在围压为35MPa时，孔隙流体压力较大时渗透率较大，但是此时随孔隙流体压力的降低，渗透率很快大幅度减小，随后其变化趋于平稳；同时，随孔隙流体压力的增加，渗透率突然得到了改善；在更高围压时，渗透率随孔隙流体压力的变化都很平稳，这说明此时孔隙流体压力对渗透率的变化影响不是很大。

加载过程开始阶段，随净应力的增加，岩心渗透率会大幅度地降低，当净应力增加到一定程度后，渗透率的下降幅度趋于平缓。这说明当净应力增加到一定的大小以后，渗透率基本不会发生很大的变化。卸载时，渗透率随净应力的减小而增加（恢复），但是不能恢复到原来大小，表现出了应力滞后现象，这是塑性变形的一

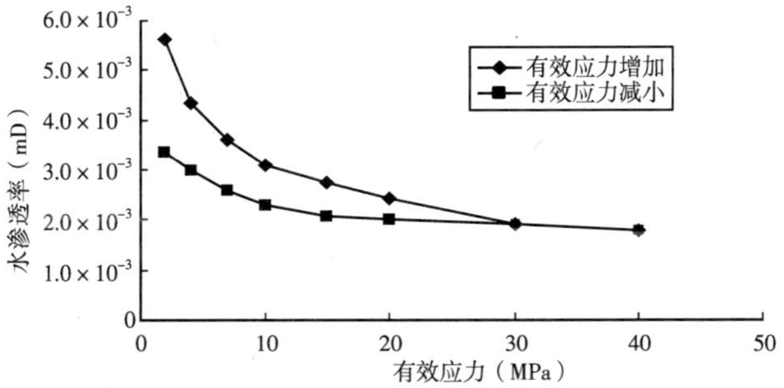

图 1－39 HH103－4 样品渗透率和有效应力关系

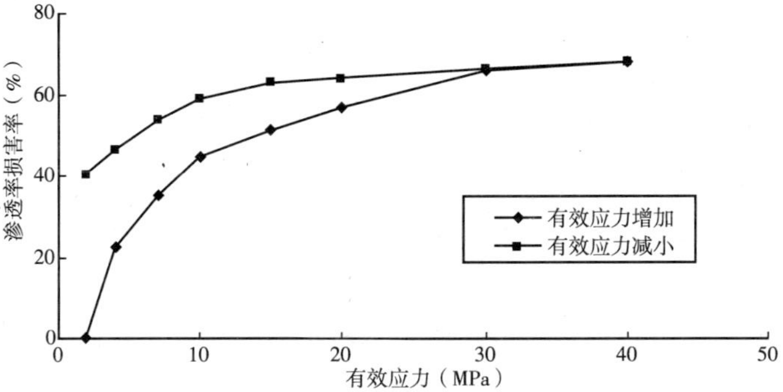

图 1－40 HH103－4 样品渗透率损害率与有效应力关系

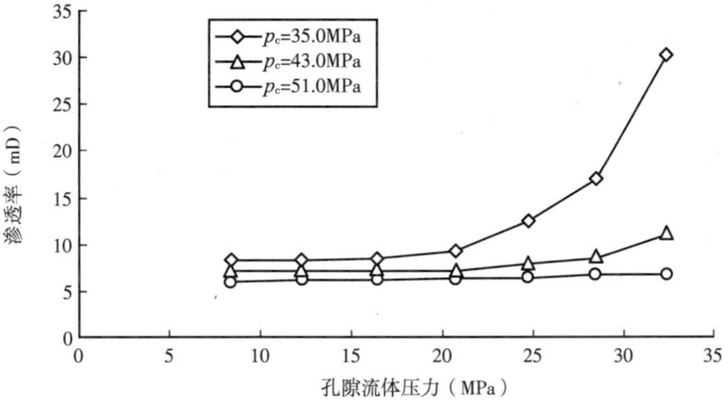

图 1－41 HH103－2 样品降低孔隙流体压力时渗透率与围压和孔隙流体压力关系

种反映。

通过常规应力敏感性实验的评价结果可以看出，鄂尔多斯盆地油田长 8 油层岩石表现出了较强的应力敏感性。

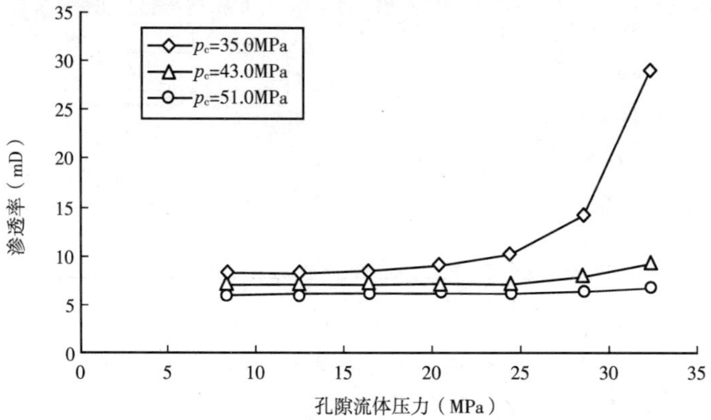

图 1－42　HH103－2 样品上升孔隙流体压力时渗透率与围压和孔隙流体压力关系

五、低渗、特低渗油藏“二段式连续渗流”模型

图 1－43 和图 1－44 分别为中高渗油藏和低渗、特低渗油藏渗流特征模型。中高渗油藏遵循平面径向流规律，达西定律可以直接应用；而低渗、特低渗油藏由于启动压力过高，油井无自然产能，水井无自然吸水能力，它的渗流过程不遵循达西径向流规律，研究分析认为，低渗和特低渗油藏的渗流过程具有一个复杂的“二段式连续渗流”特征。

现对低渗和特低渗油藏的渗流过程加以描述，流动过程大致分为以下两个阶段。

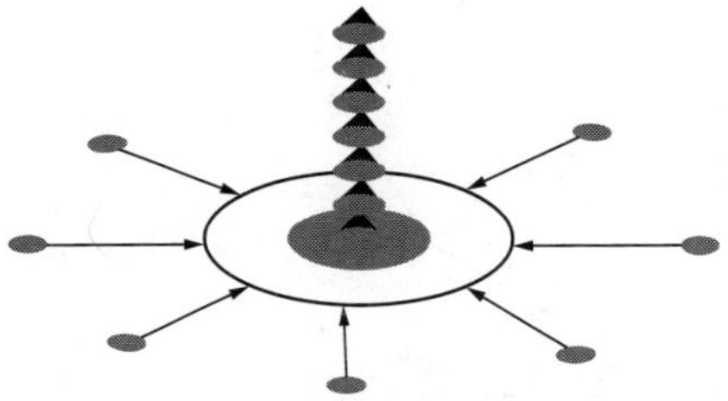

图 1－43　中高渗油藏渗流特征模型

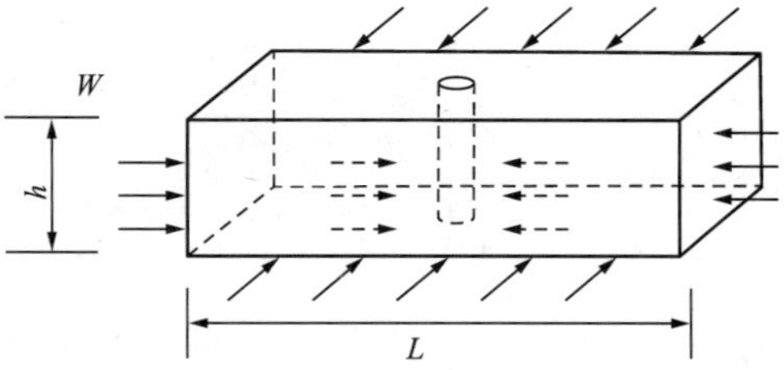

图 1－44　低渗、特低渗油藏压裂渗流特征模型

第一阶段：地层流体沿微裂缝周围渗流到微裂缝空间内，在原始地层压力与微裂缝压力差的作用下，通过基质和微裂缝渗透通道进入微裂缝流动空间，流体流动总方向平行于人工缝方向，液束量的多少与大小对油井产量起到决定性的作用；地层流体沿压裂人工缝两面在微裂缝压力与裂缝压力形成的压差下，缓慢流入人工缝，液体流动方向垂直于人工缝方向，液束数量取决于裂缝面的面积，液量的大小取决于造缝过程中形成的垂直于人工缝的微裂缝大小以及多少。

第二阶段:渗入人工缝的流体在裂缝压力与井底流压形成的压差之下,经裂缝通道流向井底。

$$Q = \frac{L_f W h K_f K_{mf}(p_e - p_{wf})}{\mu_o (L_f^2 K_{mf} + L_{mf} W K_f)} \tag{1-14}$$

由式(1-14)可以看出,特低渗油藏产量与裂缝宽度、压裂缝渗透率、油层厚度以及生产压差成正比,与原油黏度和压裂缝长度成反比。

依据"二段式连续渗流机理"理论,可以很容易地解释低渗透油藏注水效果差、产液量逐渐下降等现象。产液量下降的主要原因是:投产初期,原油主要有人工缝两面附近的微裂缝提供油源,随着开采时间的延长,油源逐渐向微裂缝内前移深入,油流渗流距离加大,而驱使油流的压差却在慢慢地减小,前移后微裂缝的几何尺寸变小,使得渗流阻力逐渐加大,油的流动更加困难,产量越来越低。

其实,低渗、特低渗油藏的压裂只改善了裂缝周围的渗流能力,在裂缝没有影响到的区域,储层仍然处于原始状态。在原始状态下既不产油也不吸水,因此微裂缝中的液体数量是有限的、固定的。认识到低渗、特低渗油藏"二段式连续渗流机理",对正确分析油田开发特征、确定合理的开采技术政策尤为重要。

六、低渗透油层的渗吸特征

1. 渗吸现象的表现和实验

亲水岩石具有渗吸作用已为人们所共知。我国油藏开发中江汉的王场油田最早发现明显的渗吸作用。王 3-11 井油层是亲水砂岩,原为注水井,1971 年 6 月至 10 月 7 日累积注水 12682m^3,后因邻井见水而停注。关井 14 个月后改为抽吸生产,63 天后含水由 48% 降到 2% ~4%,并转为自喷,日产油达 40t 以上。其他井也有类似情况。

20 世纪 70 年代后期,华北对任丘潜山油田双重介质碳酸盐岩基质岩块的实验,也发现了明显的渗吸现象。自吸排油率为 16% ~26%,见图 1-45。国外实验可达 30% ~50%。

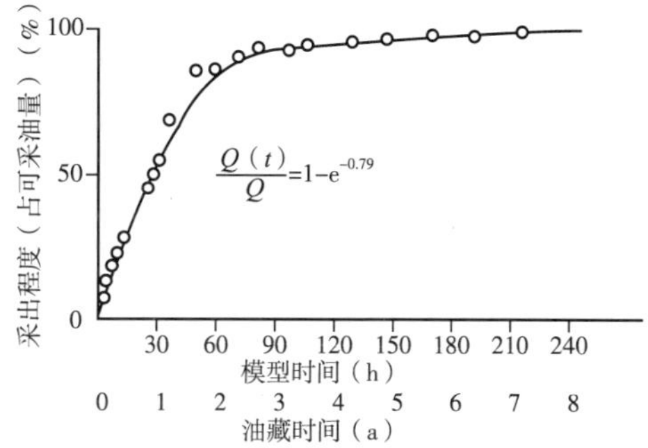

图 1-45　任-28 井自吸驱油特征曲线

近几年来根据低渗透油层的特点,渗流力学研究所进一步做了系统的实验研究工作,取得了一些新的认识。

自然渗吸实验:采用人造岩心介质,其渗透率为 9 ~16mD,润湿性为亲水型,模拟油为大庆原油。实验结果:采收率可达8%~30%,见图1-46。

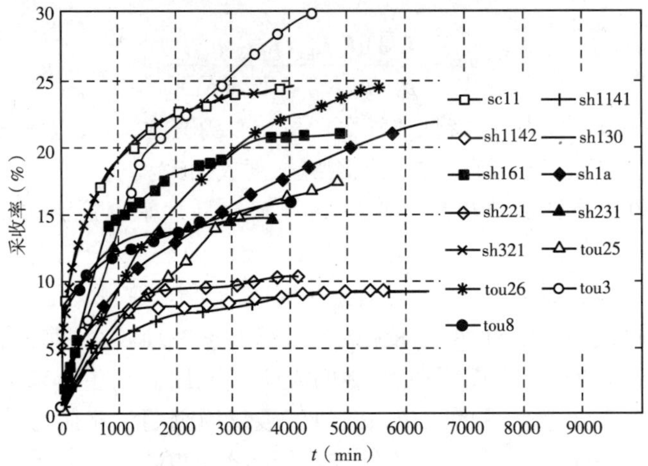

图1-46 采收率随时间变化曲线

驱替条件下的渗吸实验:采用大庆头台油田储层岩心,以重水驱替模拟油,利用核磁共振弛豫时间谱探测驱替过程中,不同驱替压力下岩心中含油孔径分布和被驱出油的孔径分布,从而研究驱替条件下的渗吸机理。

实验结果表明:水驱初期以驱替作用为主,渗吸作用较弱;水驱中期驱替和渗吸都起作用;水驱后期渗吸的作用增大。即随着驱替过程的进行,在采出的原油中驱替作用逐渐减弱,渗吸的作用逐渐增加。在驱动力的作用下,水首先主要进入较大的毛细管孔道,随着驱替过程的进行,大毛细管中的油越来越少,小毛细管中渗吸采油的作用逐渐增加(图1-47和图1-48)。

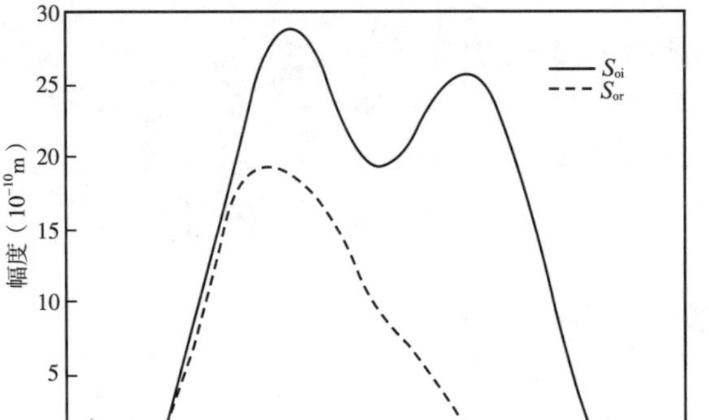

图1-47 5号岩心驱替和渗吸作用下含油孔径分布变化

2. 水驱油时最佳渗流速度

在亲水性低渗透天然岩心中，水驱油过程是润湿相驱替非润湿相，当渗流速度较低时，易于发挥毛细管压力的吸水排油作用，当渗流速度较高时，则主要发挥驱动力的作用。其中，存在一个最佳的驱替速度，可使毛细管压力的渗吸作用和驱动力的驱替作用得到充分发挥，得到最佳的驱油效果。

图 1－49 是水驱油时原油采收率与驱替速度关系的实验结果。图中横坐标是驱替速度，纵坐标是原油采收率，图中 3 条曲线分别代表不同渗透率的 3 块岩心。从图 1－49 中可以看出水驱油的最佳渗流速度约为 1.4m/d；在相同渗流速度下，原油采收率随渗透率的增加而增加。

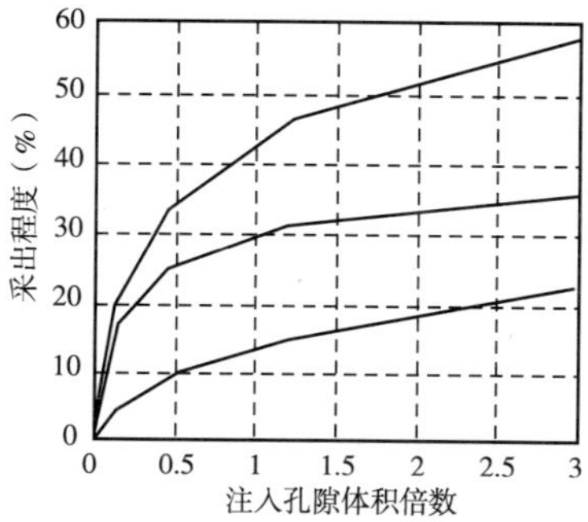

图 1－48 驱替条件下渗吸驱替采出程度与注入孔隙体积的关系

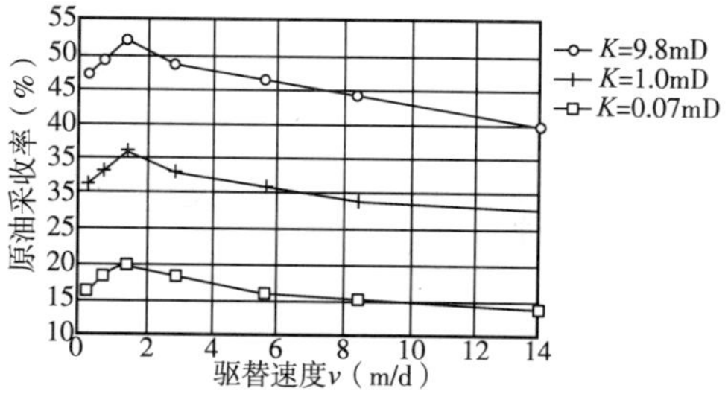

图 1－49 原油采收率与驱替速度的关系

第二章

国内外低渗透油田开发概况

近年来,随着全球石油需求量的持续增长和中高渗透油气资源的不断减少,低渗透油气资源的探明及开发比重日益增长,并呈现出良好的发展势头。世界范围内,已探明的油气田,低渗透资源量占区域总资源量的20% ~60%。我国的低渗透油气资源可采储量也占到总可采储量的1/3以上。从近二十年油气田勘探开发形势来看,低渗透油气资源探明储量已占到新增储量的70%以上,原油产量大幅增长,形成了配套的开发工艺和技术。

第一节　国内外低渗透油田划分方法、标准和依据

低渗透油田是一个相对的概念,世界各国的划分标准和界限因不同国家、不同时期的资源状况和技术经济条件不同而异。

国外曾把渗透率小于100mD的油田划为低渗透油田。随着科学技术的发展,目前通常也把低渗透油田的上限定为50mD,并进一步将低渗透油藏分为三种类型:

一类:储层渗透率10 ~50mD,称为低渗透油田。此类储层接近于正常储层。地层条件下含水饱和度为25% ~50%。这类储层一般具有工业性自然产能,但在钻井和完井中极易造成污染,需采取相应的储层保护措施。开采方式及最终采收率与常规储层相似,压裂可进一步提高产能。

二类:储层渗透率1 ~10mD,称为特低渗透油田。此类储层含水饱和度变化较大,部分为低电阻油层,测井解释难度较大。这类储层自然产能一般达不到工业标准,需压裂投产。

三类:储层渗透率0.1 ~1mD,属致密低渗透储层,称为超低渗透油田。由于孔

隙半径很小，因而油气很难进入。这类储层已接近有效储层的下限，几乎没有自然产能，需进行大型压裂改造方能投产。就目前的世界工艺技术水平而言，0.1mD 以下的低渗透油藏也是可以开发的，但经济上可能是无效的。

前苏联的 M. JI. 苏尔古伊耶夫、ю. B. 热托夫等（1993）一般将低渗透油藏的上限定为 50mD，但具体的低渗透油藏上限应根据地层产能、导水性、孔隙空间结构和经济标准来确定。他们认为，各油田低渗透储层的形成和埋藏的地质物理条件千差万别，渗透率上限也会互不相同，应视具体情况而定。例如，根据萨莫特洛尔油田岩样的气测渗透率，并考虑其毛细管和超毛细管孔隙的定量比值，确定出该油田低渗透储层的渗透率上限为 22mD。而用同样方法确定的苏达尔明油田低渗透储层上限为 12mD，乌津油田为 80mD。实验证明，不考虑油层的厚度与原油的黏度，仅凭渗透率不能确定油藏的可采性。划分低渗透层，必须采用有关地层渗滤一容积特性、产能及其开发效益的综合指标。首先采用水动力学划分标准，它可反映低渗透油藏开发的效益，经济效益在很大程度上取决于波及率、井网和单位储量；其次要考虑开发的经济指标。

美国 A. I. Leverson（1975 年）把渗透率大于 10mD 的低渗透油藏划为好储层，故低渗透储层渗透率的上限为 10mD。低渗透油田下限就是通常所说的有效厚度下限，对低渗透油田来说，这是一个非常重要的问题。美国、加拿大等国家有效厚度的下限一般为 0.1mD，如加拿大最大的油田——帕宾那油田，总地质储量为 92059×10^4t，而渗透率为 0.1 ~ 1.0mD 的特低渗透油层储量就有 40192×10^4t，占总储量的 44%。

我国罗蛰潭、王允成（1986）把渗透率小于 100mD 的储层称为低渗透储层。1992 年在西安国际低渗透油气藏会议上，严衡义、周培珍、皮广农（1993）把渗透率大于 100mD 的储层定义为好储层；渗透率 10 ~ 100mD 的储层为低渗透储层：渗透率 0.1 ~ 10mD 的储层为特低渗透储层。李道品等把渗透率为 0.1 ~ 50mD 的储层统称为低渗透储层。目前，在我国根据低渗透油田的渗流特征和开采特征，将储层渗透率大于 50mD 的油田称作低渗透油田。

第二节 国内外低渗透油田开发现状

一、国外低渗透油田开发现状

国外低渗透油藏开发时间长，从美国 1871 年发现著名的勃莱德福油田起，至今已有一百多年的历史。国外认为，低渗透油田尤其是高压低渗透油田初期压力高，天然能量充足，最好首先选用自然能量开采，尽量延长无水和低含水开采期，它们一般都先利用弹性能量和溶解气驱能量开采，但是油层产能递减快，一次采收率低，只能达到8%～15%。进入低产期时再转入注水开发，采用注水保持能量后，二次采收率可提高到25%～30%。

经过对美国、前苏联、加拿大及澳大利亚等20多个低渗透砂岩油田开采的调研发现，天然能量以溶解气驱为主，其次为边水驱和弹性驱。含水饱和度最高为55%，最低为8%，平均为22.7%。一次采收率最高为30%（美国的快乐泉弗朗梯尔A油藏），最低为6.5%（加拿大帕宾那油田），平均为15.8%；二次采收率最高为31%（前苏联的多林纳维果德油藏），最低为1.5%（美国的斯普拉柏雷油田），平均为25.39%。根据对国外油田的统计，大部分是优先利用天然能量开采，只有极少数油田投产即注水。注气也成为许多低渗透油田二次和三次开采方法，如西西伯利亚低渗透油田，采用注轻烃馏分段塞、干气段塞和气水混合物达到混相驱，驱油效率比水驱提高13%～26%，取得了令人鼓舞的效果。斯普拉柏雷油田从1995年起着手进行注CO_2开发可行性研究，1997年底已完成室内研究，随即进行矿场试验，第一年采油速度达6%。

根据国内外不同规模矿场实际，见到一定效果的三次采油方法有混相烃驱油法、二氧化碳驱油法、水气交注、水气混注和周期注气等。根据俄罗斯《石油业》2000年报道，注气和水气混合驱油开采低渗透储层是比较有前景的。它们利用自动评价系统，对低渗透油藏的层系进行评价分析，建议对低渗透油藏采取注二氧化碳、注气态烃、周期注蒸汽驱油、热水等开发方法。

国外大量研究和实践证明，当前低渗透油田开发中，广泛应用并取得明显经济效益的主要技术，仍然是注水保持油藏能量、压裂改造油层和注气等技术，储层地质研究和保护油层措施是油田开发过程中的关键技术。

二、国内低渗透油田开发现状

通过“九五”以来的研究攻关和试验，我国在低渗透油田的特征认识、开发决策和工艺技术等方面，都有了较大发展和提高，主要体现在以下几方面。

1. 储层特征研究方面

（1）储层含油性预测技术：利用地震预测和测井资料，进行多参数逐级联合反映，预测储层分布状况和含油气程度。

（2）储层裂缝识别研究和预测技术：利用露头和岩心观测、常规和成像测井、地应力测定和地质建模等技术，研究储层裂缝特征和预测储层裂缝分布。

（3）储层孔隙结构和可动流体研究新技术：利用核磁共振新技术，研究储层微观孔隙结构和可动流体饱和度的关系。

2. 渗流机理研究方面

（1）非达西渗流特征。通过深入的实验研究，进一步认识了非达西渗流特征，并初步建立了非达西渗流方程和数值模拟软件。

（2）流固耦合作用。通过实验，证实了低渗透储层压力敏感性强烈，流固耦合作用对储层物性影响明显。

（3）渗吸作用。发现渗吸作用在低渗透储层中排油作用较大，初步确定了与渗吸作用相协调的最佳驱油速度。

3. 油田开发方法和井网方面

（1）开发方式。根据生产实践可知，先期注水能够保持较高的生产能力，比滞后注水具有明显的优越性，初步开展了注气方式开采试验。

（2）油田动态特征。进一步观察研究和认识了低渗透油田注水开发后，地下压力场和流体场的分布特征和规律。

（3）开发井网。通过现场生产试验和深入观察分析，进一步总结出裂缝性低渗透油田科学合理部署开发井网的方针原则和界限。

4. 钻采工艺技术方面

（1）适应低渗透油田开发的钻井工艺技术。小井眼和水平井钻井技术都有新的发展，特别是欠平衡钻井技术对裂缝性低渗透开发效果十分明显。

（2）水力压裂技术。整体高效压裂技术有了新的发展。对裂缝性低渗透油田将压裂技术与开发井网科学地有机结合，可以获得较好的开发效果和经济效益。

（3）低成本的采油工艺技术。根据低渗透油田油井产量低的特点，试验和发展了无油管、螺杆泵、提捞以及活动采油和注水技术。

第三章

低渗透油田优化井网部署研究

低渗透油田普遍存在天然裂缝，加之储层岩石物性较差、渗流阻力大、自然产能低，通常需要进行压裂改造才能获得工业油流，而裂缝的存在又导致和加剧了岩石物性(主要是渗透率)的各向异性和非均质性，因此，合理的开采井网尤其重要。本章根据生产实践中的经验，对低渗透油田井网的优化做了详细的阐述。

第一节　优化井网部署研究

一、井网理论与实践

井网部署是油气田开发中的一个重要问题，它不仅关系到采油(气)速度、稳产年限，而且关系到油田最终采收率和经济效益。因此，井网部署应注意下列问题：(1)井网部署应有步骤地进行，初期井网不宜过密，以利于后期加密调整；(2)有利于提高采油速度与延长高产稳产期；(3)有利于发挥工艺措施效果及注采系统的调整。如有多套井网时，要注意各套井网之间的衔接。

布井方式与具体油田的地质条件有关，尤其与油藏的非均质性和裂缝系统有关。适宜的布井方式有利于提高开发效果。

低渗透油田开发由于特有的渗流特征，更是与井网密度密切相关。

我国目前已开发的低渗透油田，有些开发效果很不错，也有一些开发效果不够理想。其原因就是因为低渗透油田开发有其特殊性，低渗透油田最大的特点是与裂缝有关，或者是有天然裂缝，或者是水力压裂造成的人工裂缝。裂缝的存在，使得低渗透油田对注水开发井网的部署极为敏感。如果注采井网布置合理，使注水驱油时的面积扫油系统处于优化的状态，就可以取得好的开发效果；如果注采井网布置不合理，注入水就会沿裂缝系统快速推进，使油井很快见水和水淹。可以说，确定合理的井网部署是低渗透油田开发成功的关键。

1. 低渗透油田井网密度理论

合理井网密度的优选原则是在满足低渗透油田基本开发需要的条件下，尽可能达到最好的经济效益。低渗透油田开发的井网密度除了要考虑油田开发的一般规律外，还要考虑到低渗透油田储层的渗流规律和主要地质特征。

1）井网密度与储层性质的关系

储层性质和井网密度对采收率有很大影响。要得到较好的开发效果，需要根据储层性质选择适宜的井网密度。中国石油勘探开发研究院根据我国油藏实际资料，归纳出我国不同类型油田水驱控制程度与井网密度的关系（表3－1）以及不同流度（K/μ）下采收率与井网密度的关系（表3－2）。可以看出，不管在何种流度下，随着井网密度的增大，采收率均呈上升趋势。尤其是流度较小的低渗透储层，随着井网密度的增大，采收率的提高更为明显。

表3－1　我国不同类型油田水驱控制程度与井网密度的关系（引自李道品，1998）

油田类别	井网密度（口/km²）				
	10	20	30	40	50
	水驱控制程度（%）				
Ⅰ	88.69	80.08	72.38	65.43	59.14
Ⅱ	76.93	65.03	54.97	46.67	39.29
Ⅲ	70.60	48.50	33.58	23.25	16.10
Ⅳ	52.47	29.29	16.35	9.13	5.10
Ⅴ	36.69	13.34	4.85	1.76	0.64

表3－2　我国不同流度下井网密度与采收率的关系（引自李道品，1998）

类别	流度[mD/(mPa·s)]	油藏个数	回归相关公式
Ⅰ	300～600	13	$E_R=0.6031e^{-0.02012S}$
Ⅱ	100～300	27	$E_R=0.5508e^{-0.02354S}$
Ⅲ	30～100	67	$E_R=0.5227e^{-0.02835S}$
Ⅳ	5～30	19	$E_R=0.4832e^{-0.05423S}$
Ⅴ	<5	18	$E_R=0.4015e^{-0.10148S}$

2）经济最佳井网密度与经济极限井网密度

中国石油勘探开发研究院俞启泰在谢尔卡乔夫公式的基础上，引入经济学投入与产出的因素，推导出计算经济最佳井网密度和经济极限井网密度的方法。经济最佳井网密度是指总产出减去总投入达到最大时，亦即经济效益最大时的井网密度。经济极限井网密度是指总产出等于总投入，即总利润为0时的井网密度。计算方法如下：

$$as_{\mathrm{b}} = \ln \frac{N \cdot V_{\mathrm{o}} \cdot T \cdot \eta_{\mathrm{o}} \cdot c \cdot a(L - P)}{A\left[(I_{\mathrm{D}} + I_{\mathrm{B}}) \cdot \left(1 + \frac{T+1}{2} r\right)\right]} + 2\ln s_{\mathrm{b}} \tag{3-1}$$

$$as_{\mathrm{m}} = \ln \frac{N \cdot V_{\mathrm{o}} \cdot T \cdot \eta_{\mathrm{o}} \cdot c(L - P)}{A\left[(I_{\mathrm{D}} + I_{\mathrm{B}}) \cdot \left(1 + \frac{T+1}{2} r\right)\right]} + \ln s_{\mathrm{m}} \tag{3-2}$$

式中 a——井网指数（根据实验或经验公式求得），hm^2/井；

s_{b}——经济最佳井网密度，hm^2/井；

N——原油地质产量，t；

V_{o}——评价期间平均可采储量采油速度，小数；

T——投资回收期，a；

η_{o}——驱油效率，小数；

c——原油商品率，小数；

L——原油售价，元/t；

P——原油成本价，元/t；

A——含油面积，hm^2；

I_{D}——单井钻井投资（包括射孔、压裂等），元；

I_{B}——单井地面建设投资（包括系统工程和扩建），元；

r——贷款年利率，小数；

s_{m}——经济极限井网密度，hm^2/井。

3）低渗透油田合理的井网密度

经济最佳井网密度为经济效益最大时的井网密度，单从经济角度考虑为最佳，但是从油田开发效果看，不一定合理。因为从最大经济效益角度出发，一般为降低投入而减少钻井，降低井网密度。由于低渗透储层连通性差、渗流阻力大，井网太稀，井距太大，油井很难见到注水效果，开发效果差，采油速度和最终采收率都很低，所以对低渗透油田的开发效果影响很大。当然，也不能选择经济极限井网密度，这不符合以经济效益为中心的开发原则。

因此,应采取优化实用的井网密度。即根据油田地质特点,在经济最佳井网密度和经济极限井网密度之间优选一种比较实用的井网密度。在满足低渗透油田开发基本需要的条件下,力争达到较好的经济效益。具体做法是:在油田地质条件相对较好或经济风险较小的情况下,选用的井网密度应该接近经济最佳井网密度;当油田地质条件差或经济风险较大时,应该选取接近经济极限的井网密度。

李道品提出"加三分差"的原则,即在经济最佳井网密度的基础上,加经济最佳井网密度与经济极限井网密度差值的1/3。表达式如下:

$$S_r = S_b + \frac{S_m - S_b}{3} \tag{3-3}$$

优化后的实用井网密度介于经济最佳井网密度和经济极限井网密度之间,且偏近于经济最佳井网密度,可以在较好经济效益的前提下,尽可能改善低渗透油田开发效果,比较适合低渗透储层。评价标准见表3-3。

表3-3 井网密度评价标准

评价标准	太小	较小	合理	较大	太大
井网密度	$<0.4S_{最佳}$	$0.4\sim0.8S_{最佳}$	$0.8\sim1.4S_{最佳}$	$1.5S_{最佳}\sim0.5S_{极限}$	$>0.5S_{极限}$

注:$S_{最佳}$为经济最佳井网密度,$S_{极限}$为经济极限井网密度。

以下是几个典型的低渗透油田采用小井距现场试验实例。

(1)吉林新民油田小井距试验。

该油田开采目的层为白垩系泉头组的扶余油层和杨大城子油层,平均渗透率5.4mD。1990年采用300m井距,反九点法注采系统投入开发。同时也开展了小井距试验,井距为150m,反九点法注采系统,8口生产井,1口注水井。至1996年底,小井距油井单井日产油量4t,为全油田平均值的2倍;单井累积产油量7609t,为全油田平均值的2.4倍;采油速度4.4%,为全油田平均值的4倍;采出程度35.08%,为全油田平均值的5倍。

(2)中原文东油田小井距试验。

该油藏为沙三中油层,平均有效厚度35.7m,渗透率29.2mD。原来采用300~400m井距开采,注水效果很差。1993年开始在文13-128块进行逐层上返开采试验。第一层段为沙三中下9—10层,井距200m,效果很好,采油速度最高达到10%以上。1995年底,采油速度4.8%,采出程度35.5%,综合含水87.9%。测算采收率可达43.6%,比文东油田标定采收率22.1%高近一倍。

(3)大港枣园油田孔二段小井距试验。

油层渗透率低,复杂多变,采油速度0.92%。当井距从300m减小到212m时,驱替压力梯度从0.088MPa/m上升到0.143MPa/m。注采井数比从1:5增加到1:1.5

时,水驱控制程度达到65% ~85%,从而增加了油井的产能,改善了开发效果。

(4)华北低渗透断块油田小井距试验。

井距从300m减小到150~200m时,单井控制储量从 13.4×10^4t 下降到 9.6×10^4t,但全油田储量控制程度从71.7%上升到93.9%;注采井数比由1:2.27上升到1:2.1,水驱控制程度由67.8%上升到90%;综合含水由47.2%下降到46%;采油速度从1992年的1.05%上升到1993年的1.17%,1994年达到1.34%,1995年达到1.47%;采收率提高5.4%。

(5)延长油田七里村采油厂小井距试验。

1971年,七里村采油厂在严家湾区七409井和七408井区域进行25m小井距井网加密试验,选油井38口进行对比,分析井网加密的效果(50m与100m效果对比)。七409井组位于严家湾中沟中心区,七184井、七351井、七307井平均井距53m,中心井距各井平均距离26m,50m井距油井采收率为30%,采油速度为1.6%,25m井距油井采收率为46%,采油速度为2.3%;七408井组位于严家湾东沟中心区,七398井、七399井、七380井平均井距58m,中心井七408井与各井平均井距32m,58m井距油井平均采收率18.5%,采油速度0.75%。结果显示,钻25m加密井可以提高采油速度,在一定程度上也可以提高采收率。

2. 井网密度确定

井网密度主要通过井网密度与采收率的相关经验公式确定。

1)中国不同井网密度与采收率的经验公式法

我国许多油田的生产实践也都说明,井距缩小,采收率明显提高。关于井网密度与采收率的关系,中国石油勘探开发研究院根据144个油田或开发单元的实际资料,将流动系数划分为5个区间,分别回归出5个区间原油采收率与井网密度的关系(表3-4)。

表3-4 国内不同类型油田井网密度与采收率关系

油藏类别	流动系数 [(D·m)/(mPa·s)]	采收率与井网密度表达式	流度 [D/(mPa·s)]	采收率与井网密度表达式
Ⅰ	>5	$E_R=0.788e^{-0.0052S}$	0.3~0.6	$E_R=0.6031e^{-0.02012S}$
Ⅱ	1~5	$E_R=0.5508e^{-0.0082S}$	0.1~0.3	$E_R=0.5508e^{-0.02354S}$
Ⅲ	0.5~1	$E_R=0.5227e^{-0.017S}$	0.03~0.1	$E_R=0.5227e^{-0.02635S}$
Ⅳ	0.1~0.5	$E_R=0.4832e^{-0.0196S}$	0.05~0.03	$E_R=0.4832e^{-0.05243S}$
Ⅴ	<0.1	$E_R=0.4015e^{-0.02055S}$	<0.05	$E_R=0.4015e^{-0.10148S}$

2）中国储量规范中与井网有关的水驱采收率经验公式法

其计算公式如下：

$$E_R = 0.058419 + 0.0846121\lg\frac{K}{\mu_o} + 0.3464\phi + 0.003871S \quad (3-4)$$

式中 E_R——采收率，小数；

K——渗透率，mD；

μ_o——地层原油黏度，mPa·s；

ϕ——有效孔隙度，小数；

S——井网密度，D/km^2。

二、合理井网

1. 最大主应力方位与井排方位

地应力的方向与裂缝的生长发育是密不可分的，随着对低渗透油气田的开发和注水的不断深入，裂缝的作用越来越重要，裂缝方向与注采井排方向之间的匹配程度，不仅决定了注水效果，而且控制了层系的划分和井网布置，从而直接影响了油田开发的好坏。因此对油气田裂缝的研究，日益受到高度重视。油井经过加砂压裂后，常常形成与井贯通的垂直裂缝。裂缝的生成是在井底的压裂液压力高于地层岩石的最小应力时发生的，水力压裂的理论指出，水力压裂裂缝总是垂直于最小主应力方向的，沿着地层的最大主应力方向向外延伸。

同类油田开发经验表明，注水井排方向平行于裂缝方向，使注入水垂直裂缝走向向采油井方向驱油，才能最大限度提高波及体积，取得较好的开发效果。

根据2009年裂缝监测资料，表明压裂预测的裂缝方向，可以确定储层最大主应力方向。在后期开发过程中要及时根据新的裂缝监测确定最大主应力方向，根据监测结果及时调整井排方向与最大主应力方向相同。我国西部几个主要油田最大主应力方位测试结果见表3－5。

表3－5 储层最大主应力方位测试结果

油田	层位	最大主应力方位	油田	层位	最大主应力方位
安塞	长6	北东55.6°—北东78.1°	西峰	长8	北东70°—北东90°
靖安	长6	北东60°—北东75°	南梁	长4＋5	北东82°—北东87°

根据对陕北12个油田178口井压裂人工裂缝方位监测结果统计（图3－1），人工裂缝优势方位为北东50°—北东80°，占统计井数的70.2%，北东0°—北东50°的井数占统计井数的16.3%，大于北东80°的井数占统计井数的13.5%。

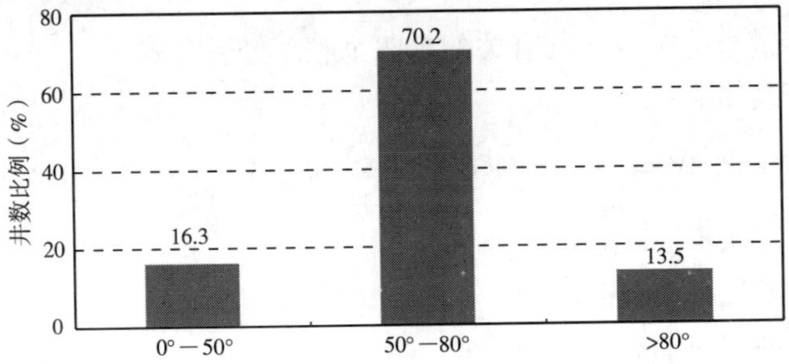

图 3－1　人工裂缝方位(北东)分类对比图

2. 菱形反九点和矩形井网开发实践分析

理论研究和开发实践表明，尤其是以长庆油田和延长油田为代表的特低渗透油田成功的开发，菱形反九点和矩形井网组合开发是低渗透油藏合理的开发井网形式。

通过对比不同井网(正方形五点、矩形五点、矩形八点、正方形反九点、菱形反九点)整体压裂后采油速率和采出程度的数值模拟结果(图 3－2)可以发现，菱形反九点井网和正方形反九点井网的初期采油速率相差较小，但随着生产时间的延长，菱形反九点井网的采油速率逐渐占优势；矩形五点井网和正方形五点井网也有相类似的情况；矩形八点的采油速率则介于两组之间。菱形反九点井网相对扩大了地层主应力方向上的注采井距，缩短了垂直主应力方向上的井排距，比较有效地改善了平面上各油井的受效程度。在菱形反九点注采井网系统中，大大延缓了角井水淹时间，同时使边井的受效程度加大，而且当角井含水较高时可以转注，从而形成整排斜对的矩形五点注采井网系统。

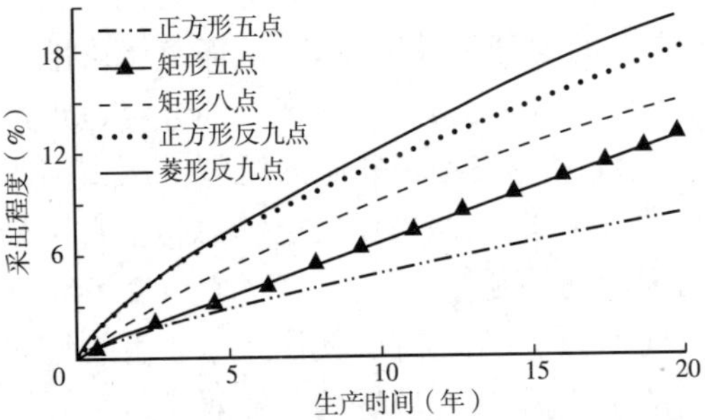

图 3－2　相同条件下不同井网整体压裂后累积产量对比曲线(引自李道品)

从菱形反九点井网和正方形反九点井网平面渗透率非均质性模拟结果可以看出(图 3－3)，只要油藏存在渗透率分布的方向性，即某一方向渗透率大于另一方向渗透率，K_y/K_x不等于 1，菱形反九点井网就比正方形反九点井网具有一定程度的优越性，而且 K_y/K_x 值越小，两种井网 20 年的采出程度相差越大。所以，菱形反九点井网不仅可以获得较高的初期采油速率，而且具有良好的后期调整灵活性，应作为渗透率方向性低渗透率油藏开发的推荐井网。

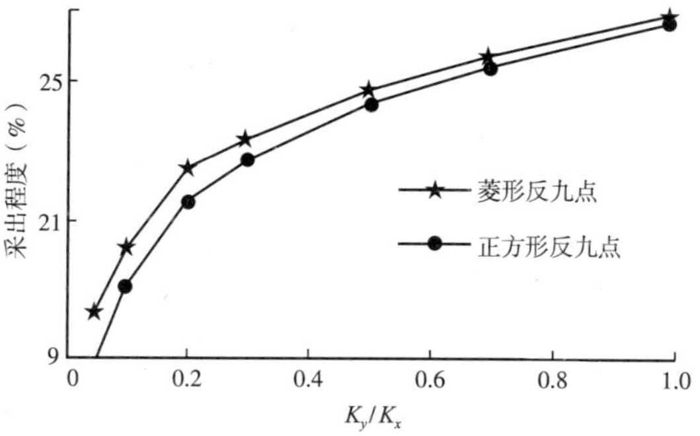

图3－3　不同类型井网 K_y/K_x 与20年采出程度关系曲线(引自李道品)

菱形反九点井网的一个特点是初期注采比较低,在维持地层压力和提高采油速率方面有一定的局限性。矩形五点井网系统的特点是注采井数比高,注水强度大,初期采油速率较高。与正方形五点井网相比,矩形五点井网系统可以大幅度提高采油速率和采出程度。但是,相对于菱形反九点井网,其可调整性要差,尤其对于投入开发的初始井网,采用菱形反九点井网更为合适。其原因是:(1)只要能提高注水井的注入能力,就可获得较高的初始采油速率;(2)改善注水波及面积,使生产井见效较快;(3)较好的可调整性。所以,在深入研究地应力分布的基础上,建议油田投入开发初始井网采用菱形反九点,而后再根据需要调整为矩形五点井网。

采用与储层相适应的注采井网,是获得良好开发效果的基础。特低渗岩性油藏均不同程度发育着天然裂缝,为建立有效的压力驱替系统,根据延长油田储层物性、裂缝发育程度,通过研究、试验,形成了与之相适应的正方形反九点、菱形反九点、矩形三种开发井网形式(图3－4),实现了裂缝系统与井网的优化配置,为提高单井产量及采收率奠定了基础。

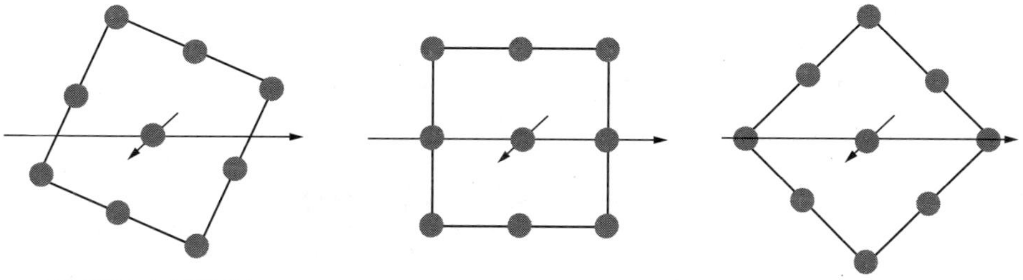

正方形反九点井网井排与裂缝方向呈22.5°夹角　　正方形反九点井网井排与裂缝方向平行　　正方形反九点井网井排与裂缝方向呈45°夹角

图3－4　延长油田主要井网部署形式图

开发井网部署的关键是:对裂缝做到扬长避短,既有利于提高单井产量,又有利于提高驱替波及效率。

根据物理模拟、数值模拟和现场试验结果，裂缝性砂岩油藏最好的井网部署方式是平行裂缝方向注水，垂直裂缝方向驱油，即线状注水方式。小排距、大井距效果较好。依据裂缝发育程度，优选不同的井网形式。

依据鄂尔多斯盆地油田裂缝发育特点，确定合理的井距。

(1)裂缝不发育油藏：采用正方形反九点井网，正方形对角线方向与最大地应力方向平行，人工缝长160.0m左右，井距300~350m较好。

井网优点：延长了人工裂缝方向油井见水时间。

(2)裂缝较发育油藏：采用菱形反九点井网(图3-5)，对角线与最大地应力方向平行，井距450~520m，排距130~180m，人工缝长155~185m。该井网部署形式在鄂尔多斯盆地油田得到了广泛应用。

井网优点：主、侧向井注水见效均匀，水驱控制程度高，地层压力保持水平高，采油速度高，水驱采收率高。同时沿裂缝方向拉大井距，延缓了油井见水时间，延长了无水采油期。

(3)裂缝发育油藏：采用矩形井网(图3-6)，井排与裂缝方向平行，井距500~550m，排距130~165m，人工缝长175~195m。

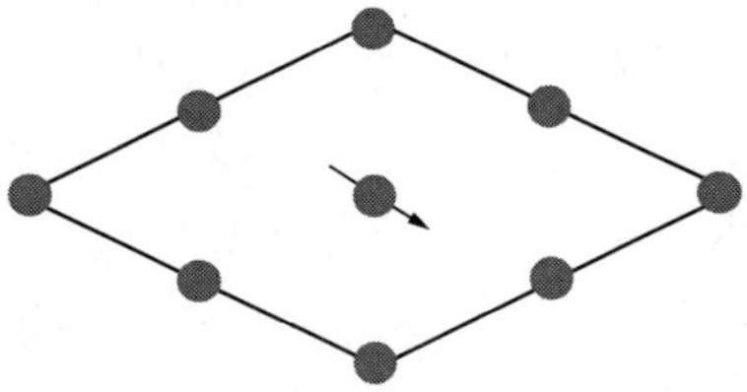

图3-5　菱形反九点井网示意图

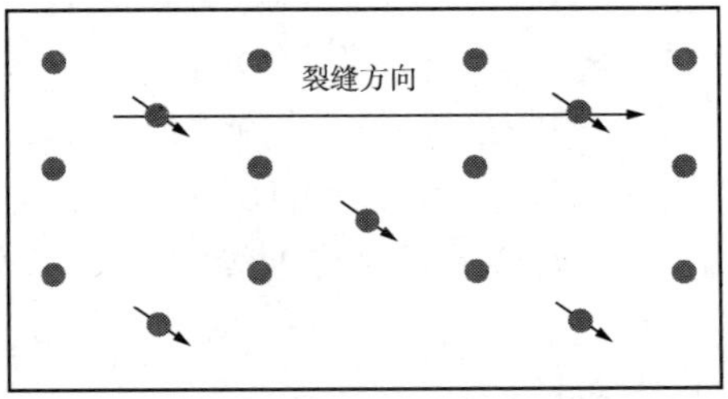

图3-6　矩形反九点井网示意图

井网优点：注水井之间距离为油井之间距离的2倍，在注水井排上，不部署采油井，使得注入水沿裂缝推进，在裂缝内形成高压区，然后裂缝压力向油井慢慢扩散传递，达到水驱前缘的均匀推进，提高波及系数和开发效果，避免油井水淹。

第二节　合理井距研究

一、合理井排距关系分析

对于低渗透油田来说，存在着合理的井网密度；对于具有方向渗透率的地层，井距与排距应有合适的比例。

井距主要根据裂缝发育程度和渗透率高低确定。裂缝渗透率越高，井距应该越大。投产初期，生产井井距可以和注水井井距相同，到中后期根据需要再考虑调整加密。排距应该根据基岩渗透率和裂缝密度确定。基岩渗透率越低，裂缝密度越小，排距应该越小。

按照以上原则，20 世纪 90 年代末期就形成了我国裂缝性低渗透砂岩油藏的开发井网部署参考表，如图 3－7 和表 3－6 所示。

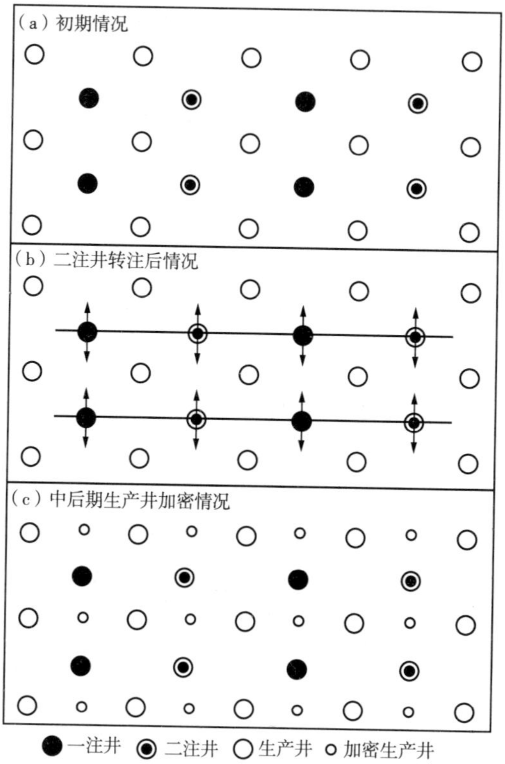

图 3－7　平行裂缝方向布井示意图（引自李道品，1998）

表 3－6　低渗透砂岩油藏布井方案参考表（引自李道品，1998）

基质特征	裂缝特征 / 井网组合	无裂缝	微裂缝	小裂缝	中大裂缝
		井距＝排距	井距＝2×排距	井距＝3×排距	井距＝4×排距
超低渗透	排距（m）	—	120	120	120
	井距（m）	—	240	360	480
	井网密度（口/km^2）	—	34	23	17

续表

基质特征	裂缝特征 / 井网组合	无裂缝	微裂缝	小裂缝	中大裂缝
		井距＝排距	井距＝2×排距	井距＝3×排距	井距＝4×排距
特低渗透	排距(m)	150	150	150	150
	井距(m)	150	300	450	600
	井网密度(口/km^2)	44	22	14	11
较低渗透	排距(m)	170	170	170	170
	井距(m)	170	340	510	680
	井网密度(口/km^2)	34	17	11	8.7
一般低渗透	排距(m)	200	200	200	200
	井距(m)	200	400	600	800
	井网密度(口/km^2)	25	12	8.3	6.2
中低渗透	排距(m)	250	250	250	250
	井距(m)	250	250	750	1000
	井网密度(口/km^2)	16	8	5.3	4

合理的井排距关系必须能够建立有效的驱替压力系统。

依据低渗透储层流体非达西渗流理论，流体在储层中渗流时，随着压力梯度的增大，会出现三种不同的渗流状态（图3－8）：当驱替压力梯度小于最小（拟启动）驱替压力梯度时，流体不流动；当驱替压力梯度大于最大（临界）驱替压力梯度时，流体处在易流动状态；当驱替压力梯度大于最小（拟启动）驱替压力梯度，小于最大（临界）驱替压力梯度时，流体处在低速高阻不易流动状态。因此，在实际低渗储层的渗流场中，主要存在不流动区、低速高阻不易流动区和相对低阻易流动区，在低渗透油藏开发中，如何利用现有工艺技术，扩大易流区，确定合理井排距是改善低渗透油藏开发效果的关键。

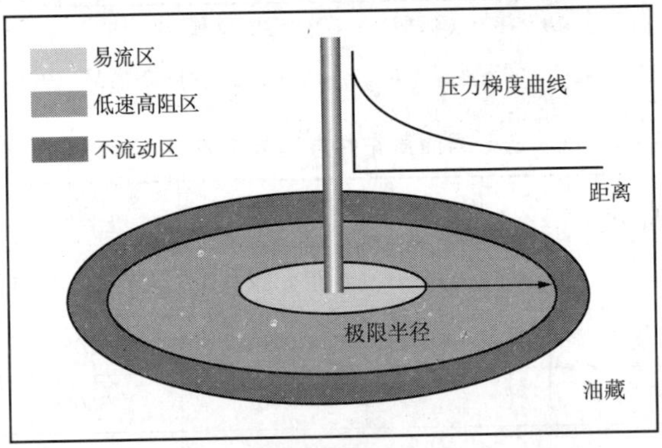

图3－8　低渗透油藏流体流动区域分布示意图

在一定技术极限条件下，油井周围处在拟达西流（拟线性流）或接近拟达西流状态下的径向距离称为技术极限采油半径；水井周围处在有效驱替或接近有效驱替状态下的径向距离称为技术极限注水半径。

技术极限采油半径与技术极限注水半径的和称为技术极限井距（油水井井距），当油水井井距在技术极限井距范围内布井时，油水井就会实现有效的驱替，为了简化计算，取技术极限采油半径的2倍作为技术极限井距（有效驱替井距）。

根据室内研究评价结果，临界压力梯度与渗透率和黏度存在如下关系：

$$\frac{\Delta p}{L} = 0.278\mu K^{-0.865} \tag{3-5}$$

技术极限半径 D_{lim} 与渗透率和黏度的关系式为：

$$D_{\text{lim}} = 3.597\Delta p \frac{K^{0.865}}{\mu} \tag{3-6}$$

由上式可计算吴仓堡油藏的油水井距。长6油层组和长9油层组生产压差各取13.43MPa和13.41MPa，储层平均渗透率各取0.54mD和0.99mD，地层原油黏度各为2.39mPa·s和1.93mPa·s，由此可得技术极限控制半径为11.9m和24.8m，因而技术极限井距（油水井距）仅仅只有54.8m和49.6m左右。

中国石化勘探开发研究院在考虑低渗透启动压力基础上提出的计算模型为：

$$L_{\text{lim}} = 3.226\Delta p \left(\frac{K}{\mu}\right)^{0.5992} \tag{3-7}$$

考虑到上述模型均没有考虑压裂等增产措施对于储层的改造作用，而一般低渗透油田油井通常采用水力压裂的方法，水力压裂后形成了高导流能力裂缝，因此井距可以在上述的基础上增大。

特低渗油田开发实践表明，采用菱形反九点井网，合理井排距关系为排距与井距比为1∶4（图3-9），安塞特低渗油藏坪桥区采用此井网开发取得了较好的开发效果。

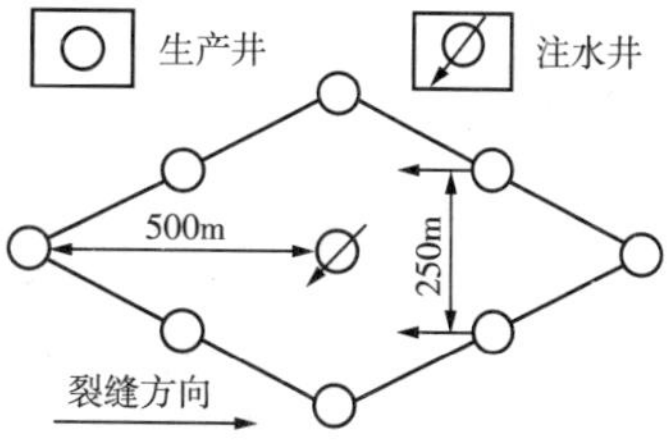

图3-9　菱形反九点井网开发单元示意图

若采用菱形反九点井网，结合油田压裂，排距50～80m比较合适，井距与排距之比为4左右开发效果较佳。

若采用矩形五点井网，开发实践及数值模拟结果为：排距50～100m比较合适，井距与排距之比为3左右开发效果较佳。

另外根据前面计算的合理井网密度，将井网密度计算结果折算成井距。井距公式的推导按不规则三角形井网考虑。公式如下：

$$d = \sqrt{\frac{1}{s \times 0.866}} \times 1000 \tag{3-8}$$

式中　d——井距，m。

决定排距大小的主要因素是储层基质渗透率，与人工裂缝无关，它直接反映了储层基质的传导能力。由图3－10可以看出，井网排距对特低渗透和超低渗透油藏的影响比对中低渗透和一般低渗透油藏大。单从技术指标优化看，不同低渗透油藏的合理排距分别为：超低渗油藏100m左右；特低渗透油藏150m左右；较低渗透和一般低渗透油藏200～250m。

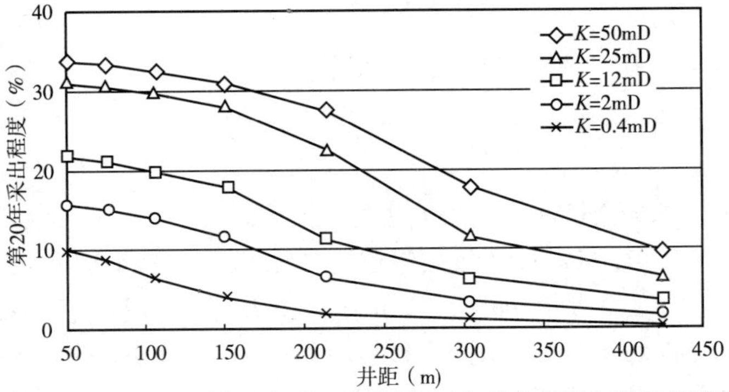

图3－10　低渗透油藏正方形五点井网20年采出程度与排距的关系

对于进行了人工压裂的低渗透油藏，从累积产量增产倍数与排井距比关系曲线可以看出（图3－11），排井距比对中低渗透油藏开采效果影响相对较小，对特低渗透和超低渗透油藏影响较大。

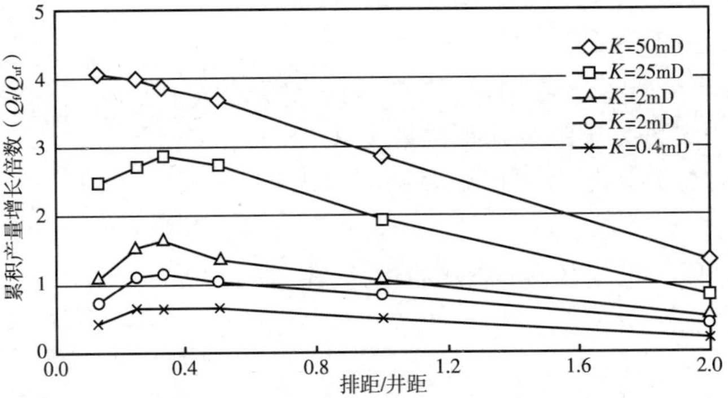

图3－11　人工裂缝矩形井网累积产量增产倍数与排井距比值关系

当排井距比从0.33增加到1.0时，特低渗透油藏的累计产量增加倍数减少了22个百分点，而中低渗透油藏和一般低渗透油藏只减少了不到10个百分点。从技术指标分析，人工裂缝矩形五点井网的合理排井距比如下。

（1）超低渗油藏：合理排井距比为 0.25 左右；合理井距 400m 左右，折算合理排距 100m 左右。

（2）特低渗油藏：合理排井距比为 0.3 左右；合理井距 450～500m，折算合理排距 130～150m。

（3）较低渗透和一般低渗透油藏：合理排井距比为 0.4～0.5；合理井距 500～600m，折算合理排距为 200～300m。

陕北某油田测压结果（图 3－12）表明，距注水井排侧向距离小于 160m 的采油井注水效果明显，地层压力有较大幅度的上升；当井距过大时，压力回升较慢，注水效果不佳。因此，对于渗透率在 1.0mD 左右的特低渗透油田，最优排距范围在 150m 左右。

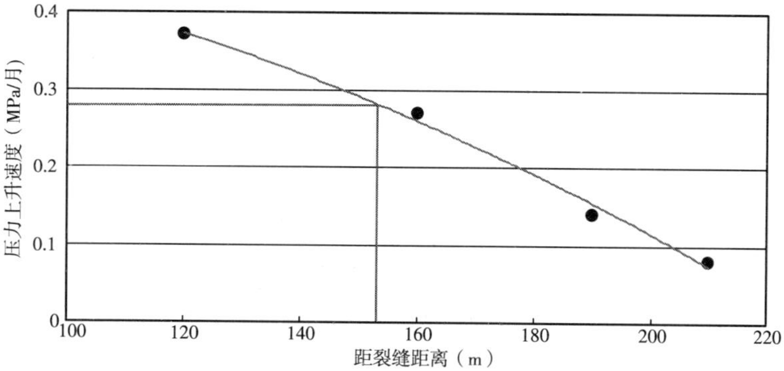

图 3－12　王窑区裂缝侧向不同位置压力变化曲线

图 3－13 为陕北长 6 油藏不同排距下初期、半年和目前的日产油与含水对比图。由图可以看出，投产初期，排距在 80～120m 和 120～150m 时，平均单井产量较高，分别为 3.63t/d 和 3.82t/d，含水较低，分别为 13.6% 和 14.9%；半年和目前情况下，排距在 80～120m 时，产量仍然较高，含水较低。由此看来，陕北长 6 油藏合理的排距在 80～120m 最合适。

二、裂缝穿透比与井距

裂缝穿透比即为裂缝半缝长与注采井距的比值。影响注采井组水井压裂增注效果最为显著的因素是储层渗透率和裂缝方位、裂缝穿透比，即地层渗透性越低，人工裂缝处于有利方位，则相对压裂增注效果越好，井组采出程度越高。压裂裂缝长度对增注效果影响也非常显著，在合理裂缝长度内，人工裂缝穿透比越大，效果越好。

根据安塞油田研究成果，不同水力裂缝穿透比下，注采井组压裂前后日增油、日增注量关系见图 3－14。

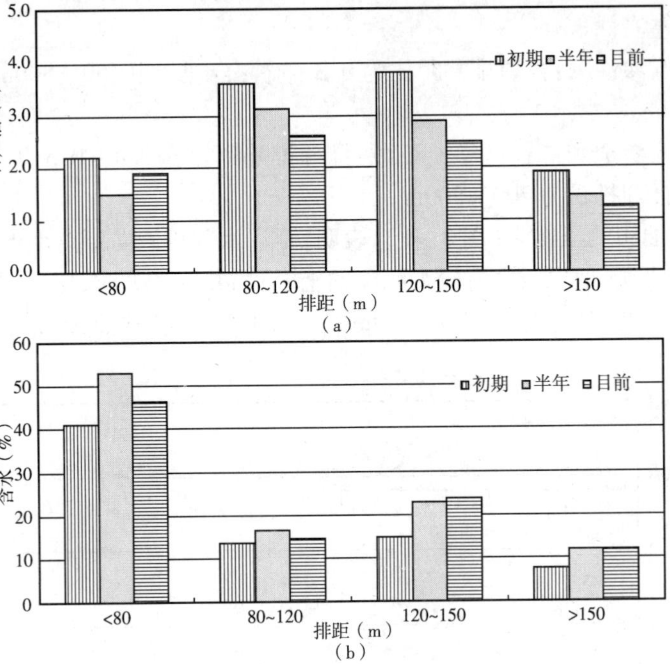

图 3－13　不同排距条件下产量、含水变化对比图

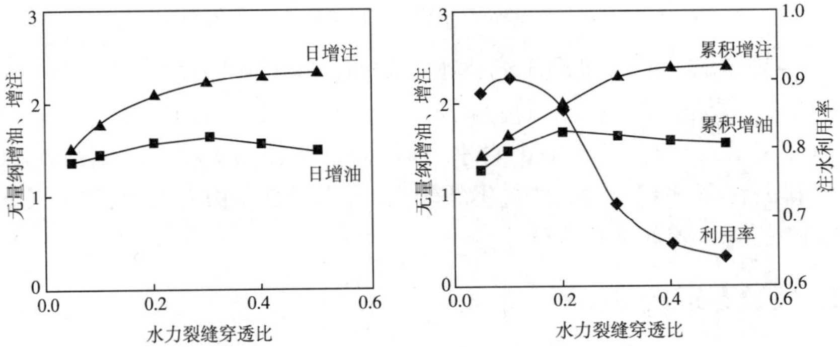

图 3－14　不同穿透比与产油量、注水量关系曲线

水井压裂后无量纲日增注量、累积增注量随裂缝穿透比增加而增加，裂缝穿透比在 0.3 以内时，增加幅度较大；当裂缝穿透比超过 0.3 以后，无量纲日增注量、累积增注量增加很少，增幅趋于平缓。表明压裂缝长增加到一定程度后，水井增注量将难以增加，相应油井的无量纲日增油量、累积增油量和增注水利用率在裂缝穿透比小于 0.2 时逐渐增加；当裂缝穿透比超过 0.2 以后，呈下降趋势。

因此，综合考虑各项指标，选择最优裂缝穿透比为0.2。一方面可以保证充分提高水井的注入能力，增加井组注水量，有效补充地层能量；另一方面又能够在一定程度上控制井组的含水上升速度，提高井组产油量和注水利用率。

永370井区平均裂缝半缝长为100~120m，如果裂缝穿透比选择0.2，合理井距则为500~600m。

三、合理井距

低渗透油藏开发专家李道品建议，对低渗透砂岩油藏，开发井网的井距一般取400~600m，井距一般为排距的3~5倍。同时，根据大庆油田、双河油田、安塞油田等对低渗透油田开展的注采井网最佳几何参数优化结果，认为低渗透砂岩油藏合理的井排距为100~150m，合理的井距为400~600m。

依据井网密度研究的结果，工区在油价40~80美元/bbl时井网密度对应的平均井距为400~200m，但是在实际生产中不可能有完全规则的井网。井距太小就会导致局部井网密度太大而没有经济效益。

参考安塞油田王窑井区采用排距165m、井距550m菱形井网，注水井排上注采井距550m，注水井与油井排上油井的井距为313m，注水开发后效果好。双河油田侧向上注采井距370m能见到较好的注水效果，注入水沿平行人工主裂缝方向油井见水快，有的井暴性水淹。考虑永370井区长6—1各小层平面物性差异较小，适合于菱形注采井网面积注水开发，但鉴于物性比双河油田和安塞油田差，适当缩小井排距，采用排距150m、井距500m菱形井网，注水井排上注采井距500m，注水井与油井排上油井的井距为291m，井排方向与人工主裂缝方向平行。

第四章

低渗透油田高效注水技术

低渗透油层渗流阻力大，能量消耗快，油井投产后，压力和产量都迅速大幅下降，且压力、产量降低之后，恢复起来十分困难，注够水、注好水是稳定产量的根本保证。本章重点对注水时机、压力系统、注水水质、不稳定注水技术进行了阐述。

第一节　注水时机的选择

低渗透油田天然能量较小，投产后地层压力下降很快。而许多研究表明，低渗透油田压力敏感性伤害的程度要比中高渗透性油田大，因此造成注水井注水压力升高，注水量下降，补充地层能量困难；生产井产量递减快，产能低，泵效低，采油速度低。这是低渗透油田注水开发普遍存在的问题。

根据陕北长6油层统计的产液量与地层压力的关系可以看出(图4－1)，原始地层压力为8.81MPa，在原始地层压力条件下日产液6.47t，随地层压力的下降，产液量急剧下降，当地层压力下降为6.42MPa时，日产液只有4.28t，压力下降了27.13%，产液量下降了33.85%。当地层压力由6.42MPa回升到原始地层压力附近时，产液量也只有4.60t，此时的产液量为原始地层压力时的71.97%。由此看来，该类油藏一旦压力下降，即使压力再恢复到原始地层压力水平，产液量也只能恢复到初期

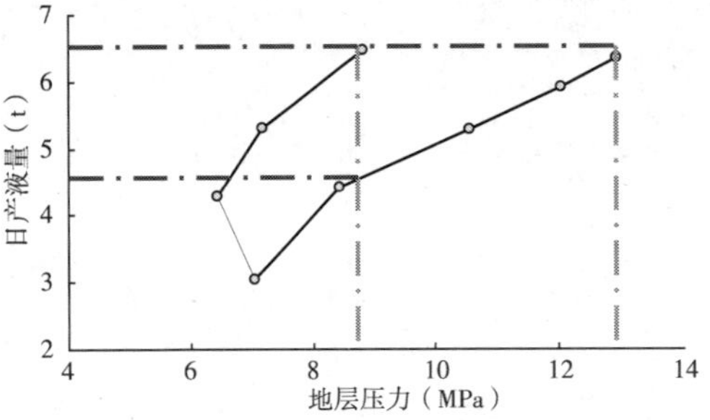

图4－1　陕北延长组长6油层日产液量与地层压力关系曲线

水平的 2/3 左右。若要使油井产液量恢复到投产初期水平，地层压力要上升到 13.0MPa 左右，此时的地层压力约为原始地层压力的 145.56%。

由产油量与产液量关系和产液量与地层压力关系结合看来，陕北油田要保持较高的油井产量，必须使油田一投入开发就保持较高的地层压力水平，因此补充地层足够的能量显得尤为重要。

为尽量减小地层压力降低造成的不利影响，低渗透油田应该实施早期注水，适当提高地层压力开采。可先打注水井提前投注，至少同步投产投注，把压力敏感性伤害造成的不利影响降到最低程度。注水井投注初期排液解堵是必要的，但时间不宜过长，避免造成较大的压力敏感性伤害。在避免钻井、完井造成伤害的情况下，也可以不排液直接投注。

所谓超前注水，就是在新区投产前一段时间，油井关井，水井首先投入注水，使地层压力升高，当地层压力或者注水量达到设计要求后，油井开始投入生产，开发过程中，通过调整注采比控制油藏压力。超前注水的基础理论研究尚处于不断深化、完善过程中，目前研究认为，超前注水的作用机理主要是保持了较高的地层压力，建立了有效的压力驱替系统，降低或者避免了因地层压力下降造成的储层伤害。

从已成功开发的靖安油田和安塞油田来看，注水时机不同，油井产量恢复程度差异大。从图 4－2 中可以看出，早期注水、同期注水、滞后注水见效和滞后注水不见效 4 种情况对应产油量分别为 7.39t/d，3.98t/d，3.24t/d 和 1.73t/d，产量比例为 4.27：2.3：1.87：1。早期注水产量是同期注水产量的 1.86 倍，是滞后见效产量的 2.28 倍。早期注水产量保持水平高，递减幅度小，稳产时间长。

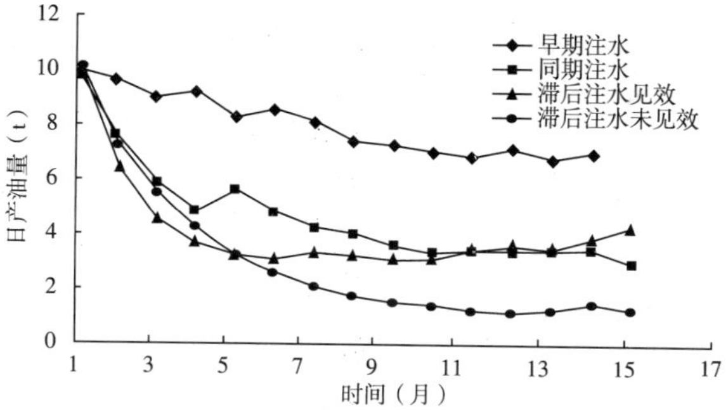

图 4－2　靖安油田不同注水时机油井日产油量对比

安塞油田从油井投产 9 个月产量对比来看，早期注水、同期注水、晚期注水 3 种情况对应产油量分别为 4.44t/d，3.84t/d 和 3.32t/d，同期注水产量是早期注水产量的 86.5%，晚期注水产量只有早期注水产量的 74.77%。早期注水开发效果好。

延长油田双河油田（长 6 层）超前注水油井投产初期产量高，稳产时间长，平均单井产量为4.0t/d;滞后注水随注水量的增加,产量逐步回升,稳定产量为2.3t/d;非注水区产量一直下降,但随开发时间的延长,产量递减幅度见小,同期相比,产量为0.8t/d;超前注水、滞后注水和非注水情况下,产量之比为4∶2.3∶1,超前注水是非注水产量的4倍,是滞后注水产量的1.97倍。

注水3~4个月油井开始见效,目前油田正处于稳产期(图4-3)。注水区油井产量得到了迅速恢复,且注水后稳定产量为注水前产量的2倍以上,大约为同期非注水区产量的3倍。由此看来,双河油田注水不仅可以稳定产量,而且可以大幅度提高单井产量;实行超前注水,可以使稳定产量达到更高水平。这充分说明该油田适宜注水,其效果十分明显。

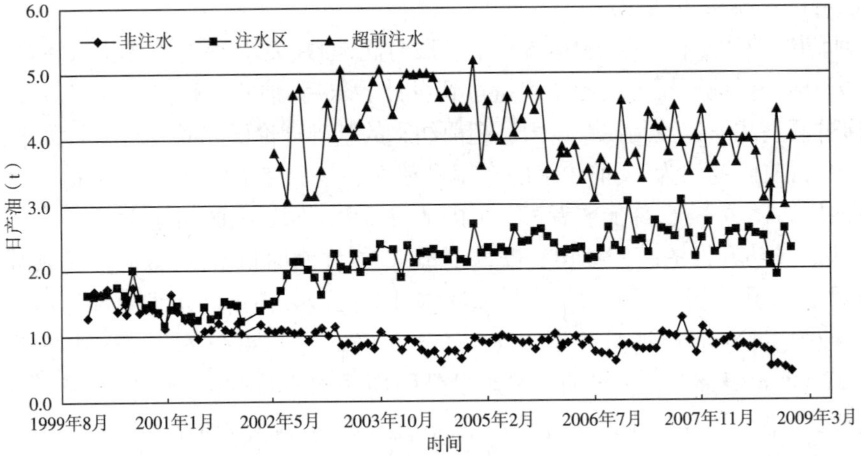

图4-3　双河油田双210井区(长6)不同注水时机日产油量变化曲线

第二节　压力系统研究

合理压力水平是指既能满足油田提高排液量的地层能量的需求,又不会造成原油储量损失,降低开发效果的压力水平。也就是指在现有井网及工艺条件下或经过井网及工艺调整后,不同含水时期存在一个最大生产压差,对应有一个最大合理注水压力和一个合理最小井底流压,这个合理生产压差既保证了油藏注采达到平衡,也可满足实现最大排液量的提液措施的需要,同时又保证了油藏内原油不会外溢(不会造成油层储量损失),因此,合理压力水平是注水开发油田经济、高速、高效开发的保证。

在研究确定出合理压力水平之后,就可判断目前油藏压力水平是否合理,是否达到最大合理压力水平,以保证最大产液的需求,以及井网调整和工艺技术改进的余地有多大,从而指导矿场实际开发调整工作,以保证油田更有效、更经济地投入开发。

要确定合理压力水平,首先应确定合理最小井底流压和最大合理注水压力,然后根据注采平衡原理确定出油藏合理压力水平。

一、合理最小井底流压

1. 满足泵效的最小合理流压

采油井井底流压 p_{wf} 不仅与下泵深度有关,还与含水的变化有关,其表达式为:

$$p_{wf} = p_p + 0.01\gamma_{混} \cdot (H_{中} - H_{挂}) \tag{4-1}$$

$$p_p = \frac{GOR}{\frac{\frac{1}{\beta} - 1}{1 - f_w} + R_s} \tag{4-2}$$

$$\gamma_{混} = \gamma_o \cdot (1 - f_w) + \gamma_w \cdot f_w \tag{4-3}$$

式中 p_{wf}——油井井底流压,MPa;

p_p——保证一定沉没度,达到合理泵效所需的泵口压力下限值或不同含水下的合理泵口压力,MPa;

f_w——综合含水,小数;

$\gamma_{混}$——油井井筒内混合液相对密度;

$H_{中}$——油层中部深度,m;

$H_{挂}$——泵挂深度,m;

GOR——气油比,m^3/m^3;

β——有杆泵的充满系数;一般取40%;

R_s——天然气溶解系数,$m^3/(m^3 \cdot MPa)$;

γ_o、γ_w——地下油、水相对密度。

2. 根据饱和压力确定流压

根据开发矿物实践,对于低渗透油田,气油比较高,脱气严重的油藏,初期采油井流压一般不低于饱和压力的80%;气油比较低的油藏,采油井流压一般为饱和压力的50%~70%。

二、最大合理注水压力

注水井最大合理注水压力是指既能充分满足注水工作的需要,又使地层破裂的概率最小的注水压力,即注水井最大的井底流压要保证小于油层的破裂压力。通常井底最大注入压力不超过岩石破裂压力的90%。

1. 油层破裂压力

油层破裂压力一般在实验室测定,也可以由经验公式近似计算。油层破裂压力主要有以下三种确定方法。

1)泊松比计算法

$$p_f = (p_s - p_t) \times \frac{r}{1-r} + p_t \tag{4-4}$$

式中 p_f——油层破裂压力,MPa;

p_s——上覆岩层压力,MPa;

r——泊松比,砂岩油藏一般为0.25~0.35;

p_t——注水井井底附近压力,MPa。

根据上覆岩层压力公式($p_s = 0.18/10 \times H$)可得两个油层组的上覆压层压力,将其代入上式,得到方程:

$$p_f = (p_s - p_t) \times \frac{r}{1-r} + p_t = 0.57p_t + 0.43p_s \tag{4-5}$$

当 $p_f = p_t$时,油藏发生破裂,据此计算油藏破裂压力。

2)水力压裂经验法

形成裂缝的破裂压力计算公式为:

$$p_f = \Delta p_f \times H \tag{4-6}$$

式中 p_f——油层破裂压力,MPa;

Δp_f——破裂压力梯度,MPa/10m;

H——油层中部深度,m。

一般 Δp_f 的经验值为0.16~0.24MPa/10m。

3)现场压裂统计法

根据现场开发井压裂施工参数统计,考虑静液柱压力及摩阻,折算井底破裂压力。

2. 最大注入压力

注水井井底流压:

$$p_{iwf} = p_h = p_{破} \times (1 - X) \tag{4-7}$$

式中 p_{iwf}——水井井底流压,MPa;

p_h——最大合理注水压力,MPa;

$p_{破}$——地层破裂压力,MPa;

X——破裂概率,小数,一般取0.1。

注水井最大井口注入压力计算公式为:

$$p_{\mathrm{fmax}} = p_{\mathrm{fl}} + p_{\mathrm{tL}} + p_{\mathrm{mc}} - \Delta p_{\mathrm{i}} - \frac{H}{100}\rho_{\mathrm{w}} \tag{4-8}$$

式中　p_{fmax}——注水井井口最大注入压力,MPa;

p_{fl}——最大井底流压,一般为油层破裂压力的 90% ,MPa;

Δp_{i}——为防止超过破裂压力而设定的保险压差,MPa;

p_{tL}——油管摩擦压力损失,MPa;

p_{mc}——水嘴压力损失,MPa;

ρ_{w}——水的密度,g/cm^3。

令 $p_{\mathrm{tL}} + p_{\mathrm{mc}}$ 为 1.0MPa,保险压差 1.0MPa,按照注水井井底最大流压不超过破裂压力 90% 的原则,计算注水井最大井口。但在开发过程中要根据吸水指示曲线,选择并调整合理的注水压力。

三、合理地层压力的确定

根据能量保持与利用,以及低渗透油藏开发经验,尤其是长庆油田和延长油田开发经验,特低渗透油层压力保持在原始地层压力附近,可以保证油井有足够的生产能力及合理的开采速度。

如果采取同步注水开发方式,油井投产后,地层压力保持在原始地层压力附近或以上;如果采取超前注水开发方式,地层压力保持在原始地层压力的 110% ~120% ,生产井产量增幅最高,因此,地层压力保持在原始地层压力的 110% ~120% 。

从陕北油田模拟结果(图 4 -4)可以看出,超前注水并不是保持地层压力越高越好,而是存在一个合理压力保持水平。在地层压力保持水平为 117% 时,单井产量增幅最大,高于此水平产量增幅开始减小,同时由于地层压力保持过高,也加大了注水管网系统的承载负荷,增加注水成本。因此,在陕北地区,合理的超前注水保持压力水平在 115% 左右为宜。

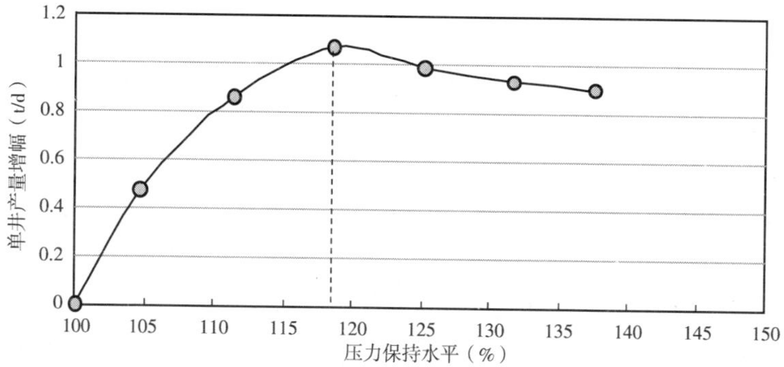

图 4 -4　陕北油田超前注水单井产量增幅与油层压力水平关系图

第三节　注入水水质要求

我国油田拥有丰富的低渗透油田储量，虽然近十几年来有许多新技术、新工艺、新材料、新方法用于油田开发，但注水开发仍是这些油田开发的主要方式，占有很大的比例。为了增加低渗透油田注水开发的采收率，对注入水水质问题的研究势在必行。笔者主要对注入水中悬浮物和油进行了研究。

低渗透砂岩油藏在中国油田分布广泛，且多处于高温、高压的中深层，以粉砂岩和细砂岩为主，油藏物性差，孔隙度低（5% ~20%），渗透率低于10mD的油层占低渗透油藏总数的50%以上。低渗透油田的注入水水质问题是影响油田整体开发效果的主要因素之一。多年来，我国低渗透油田的注入水水质一直执行部颁标准SY/T 5329—94（表4－1）。

表4－1　（SY/T 5329—94）《碎屑岩油藏注水水质推荐指标》

注入层平均空气渗透率(D)		<0.10			0.10~0.60			>0.60		
控制指标	标准分级	A1	A2	A3	B1	B2	B3	C1	C2	C3
	悬浮固体含量(mg/L)	≤1.0	≤2.0	≤3.0	≤3.0	≤4.0	≤5.0	≤5.0	≤7.0	≤10
	悬浮颗粒直径中值(μm)	≤1.0	≤1.5	≤2.0	≤2.0	≤2.5	≤3.0	≤3.0	≤3.5	≤4.0
	含油量(mg/L)	≤5.0	≤6.0	≤8.0	≤8.0	≤10	≤15	≤15	≤20	≤30
	平均腐蚀率(mm/a)	—	—	—	<0.076		—	—	—	—
	点腐蚀	A1、B1、C1级：试片各面都无点腐蚀。 A2、B2、C2级：试片有轻微点蚀。 A3、B3、C3级：试片有明显点蚀								
	SRB菌(个/mL)	0	<10	<25	<10	<10	<25	0	<10	<25
	腐生菌(个/mL)	—	$n\times10^2$	—	$n\times10^3$	$n\times10^3$	—	—	—	—
	铁细菌(个/mL)	—	$n\times10^2$	—	$n\times10^3$	$n\times10^3$	—	—	—	—

注：n为1~9的自然数。

在低渗透油田开发中执行这个标准时出现了很多问题，主要有两个方面：一是为了保证注入水水质达到注入水水质标准，需采用精细过滤等污水处理技术，由此大大增加了污水处理费用；二是采用达到了注入水水质标准的水，反而使得油藏的非均质性更加严重，注入水压力升高，采用常规的酸化解堵起不到任何作用。由此可见该注入水水质标准存在一定的问题，而对油藏开发影响比较大的主要指标是油和悬浮物，在实验室主要对这两项指标进行了研究。

一、悬浮物对注入水开发的影响

1. 水中悬浮物对注入水的影响程度

水中的悬浮物如黏土、有机物、微生物、化学沉淀等进入油层后都能直接堵塞渗流孔道，降低吸水能力。由于悬浮物的组成、颗粒大小、形态、注入水层位、油、水、岩石等地质条件及所采用的注入水工艺等的不同，对注入水水质的要求应该有区别。一般先采用岩心进行室内注水实验，提出水质指标，然后通过现场实注进行注水效果及经济效益的综合评价。

1）悬浮固体颗粒大小与岩心孔道的关系

采用人造岩心进行注水实验，试验结果表明水中悬浮固体颗粒粒径 D_1 与岩心孔道直径 D_k 比值（D_1/D_k）小于 1/7 时，颗粒基本可以通过，其堵塞程度最小（约 10% 左右）。一般来说，若固相颗粒直径大于储层孔喉直径，固相颗粒不可能进入储层；若固相颗粒直径小于储层孔喉直径，进入储层的深度和量的多少，取决于固相颗粒直径和储层孔喉的匹配程度。大家公知的“1/3 ~ 1/7”定律，即固相颗粒粒径大于 1/3 喉道直径时，颗粒只会形成外滤饼堵塞岩心端面，不能进入油层；如果颗粒粒径小于 1/7 孔喉直径则不会堵塞孔喉，而位于 1/3 ~ 1/7 孔喉直径的颗粒将会严重伤害油层。后来又有学者使用“1/3 ~ 1/10”颗粒与喉道的配伍原则，但具体操作时，一般是通过试验来确定适合具体油田的规则。

2）悬浮固体浓度对水测渗透率的影响

当水中的悬浮固体颗粒直径小于岩心孔道直径 1/7 时，改变悬浮固体浓度对水测渗透率的影响程度表明，低堵塞程度可以采用提高注水速度 v_X，或降低悬浮固体浓度 C_X 的办法（即降低 C_X/v_X 值）来实现。

2. 悬浮物对渗透率不大于 20mD 岩心的堵塞影响

悬浮物浓度越大，对岩心的伤害越大。对于悬浮物粒径来说，不能说悬浮物的粒径中值越小，对岩心的伤害就越小。悬浮物粒径中值稍大的颗粒会在储层近井处形成滤饼，不会进入深处小孔道中造成深度伤害，这和大家公知的“1/3 ~ 1/7”定律相符合。即使随着注入量的增多，会使滤饼渗透性降低，由于滤饼位于近井处，可以采用常规的酸化解堵的方法将其除去。所以在制定注入水水质标准时，可根据悬浮物粒径中值与储层孔喉的配伍程度，将以往的水质标准适当放宽,这样既能够节约处理水质达标的成本,还能够使悬浮物对储层的伤害降至最低。

二、油对注水开发的影响

1. 油对地层伤害的机理

1)液阻效应

即乳化油滴堵塞孔喉通道。当乳状液的液珠大于孔喉直径时,它会阻塞孔喉,且发生变形,这就是所谓的液阻效应或液锁。

前部半径 r_1 小于后部半径 r_2,此时两个曲面产生的阻力为:

$$\Delta p = 2\sigma(1/r_1 - 1/r_2) \tag{4-9}$$

式中 Δp——附加阻力;

σ——油水界面张力;

r_1、r_2——曲面半径。

当生产压差大于附加阻力(或称毛细管力)时,油滴将被挤过孔喉;当生产压差小于附加阻力时,油滴将滞留在孔喉处,造成地层堵塞。

2)吸附作用

乳状液液珠在孔隙中会受到重力、范德华力,同时由于黏土和液珠均带电荷,还有电应力存在。在这些力的作用下,一部分液珠吸附在孔隙的某些部位,孔喉附近油滴的吸附可能减小有效孔隙直径而影响注入效果,这样便降低了地层的渗透率,从而对地层造成损害。

3)乳化使水相渗透率降低

一些乳化油滴在孔喉处产生液锁、吸附效应,使水相渗透率降低。许多情况下,注入水中不仅有原油,而且有来自注水泵或其他地面设备的黄油和润滑油以及蜡和氧化原油。这些物质在原油中的溶解度低且黏度高,久而久之有可能在注水井周围形成一个高黏层,使渗透率大幅度降低。

2. 注入水中含油对储层的伤害研究

油田注水过程中,乳化油滴的来源主要有两个途径。一是注入水进入地层后与地层中的残余油接触,由于原油中自带的环烷酸、脂肪酸等天然表面活性剂,在剪切力作用下产生乳化而形成乳化油滴;二是由于注入水中或污水中存在表面活性剂和注水过程中的水力搅拌作用,会使注入水中所含的原油发生乳化。根据岩心渗透率级别,设计了一组实验(表4-2),考查不同浓度下的油珠对岩心的伤害程度,以获取不同浓度下的油珠与渗透率伤害的关系。

表 4－2　含油量伤害实验岩心与悬浮液数据

岩心编号	层位	井深（m）	孔隙度（%）	气测渗透率（mD）	油珠浓度（mg/L）	油珠粒径（μm）
293－1	—	3361.7	15.6	8.529	5	<10
347－1	—	>3369	13.4	10.59	10	
347－2	—	>3369	13.4	10.59	15	—
304－2A	—	3363	17.0	8.919	30	—
137－2	Ea3	3329	18.6	51.05	10	>10
127－3	—	3327	18.5	31.0	15	

实验中选取了 8 块岩心，参照部颁标准设计了实验。实验表明注入水中的含油对储层的伤害是不可忽视的，乳化油粒径相同，浓度越大，对岩心的伤害越严重；当乳化油的浓度相同时，随着粒径增大，伤害程度略减小。

三、结论

在制定注入水水质标准时，可根据悬浮物粒径中值与储层孔喉的配伍程度，将以往的水质标准适当放宽，这样既能够节约处理水质达标的成本，还能够使悬浮物对储层的伤害降到最低。

注入水中含油，难以做到完全不伤害储层，只有在经济许可的条件下尽可能地控制含油对储层的伤害。对于低渗注水储层，将注入水含油量控制在 15mg/L 是适宜的。

第四节　不稳定注水技术

不稳定注水是一种将周期注水和改变液流方向注水相结合的注水开发方式，即按照注水井组轮流改变其注入方式，在油层中建立不稳定的压力降，促使原来未被水波及的储层、层带和区段投入开发，从而提高非均质储层的波及系数和扫油效率，即提高原油采收率。

对一个稳定的注采系统，在正常注水下液流流线分布如图 4－5 所示，在注水井与油井连线的主流线上严重水淹，油井之间形成滞流区。当实施不稳定注水时，水井 1 注水，水井 2 停注，则滞流区内剩余油将向水井 2 处移动，这部分储量将得到动用，改善了水驱效果。

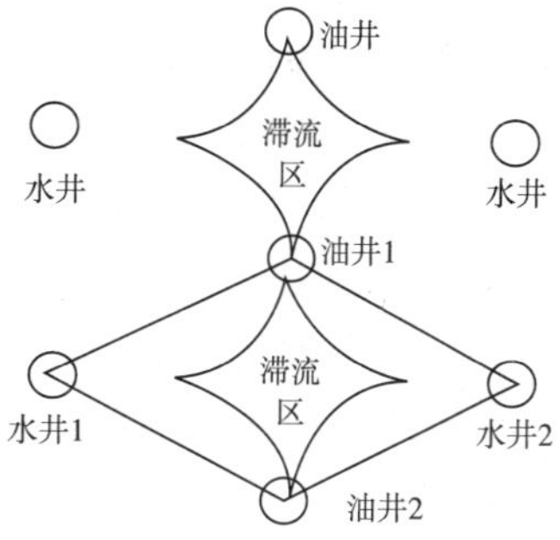

图 4－5　正常注水液流分布图

1. 油藏符合不稳定注水的条件

1)油藏裂缝发育

低渗透油藏地下裂缝系统发育,裂缝的存在扩大了渗流通道,使油藏形成了渗透率差别较大的高低渗透层段。在裂缝和高渗透层段周围,油层压力高,含水高,水淹严重;而在裂缝不发育和低渗透层段,油层压力低,含水低,剩余油富集。

2)油层大多属于正韵律油层

正韵律油藏的不稳定注水效果优于反韵律油藏。常规注水时,正韵律油藏由于重力的附加影响,层内储量动用不均衡的状况要比反韵律油藏严重,其低渗层段的剩余油潜力大于反韵律油藏。不稳定注水时,强注强采增加的水平驱动力有效地抑制了垂向重力作用的不利影响,因此,正韵律油藏采出程度提高幅度要高于反韵律油藏。由此推论,复合韵律油藏由于其高、低渗层交互分布,层间流体交渗作用更充分,因而其改善水驱的效果更好。

3)油层润湿性为亲水

亲水油藏不稳定注水效果优于亲油油藏。在加压过程中,油藏积累能量与油藏润湿性无关,即亲水、亲油油藏水驱效果都能得到改善。不同的是亲水油藏由于油层毛细管的滞留作用,在高、低渗带流体发生交渗作用时,必然有部分注入含油孔隙中的水被毛细管力滞留于低渗含油孔隙中,从而替换出等量的油。

2. 周期注水时机及注水参数的选择

1)注水时机的选择

一是根据数模结果进行选择,由较高含水期转入周期注水效果较好。其原因是:在油层水淹程度小的情况下,高低渗带内流体基本都是原油,液流交换失去意义,且过度提高注水强度,会加剧高低渗层水驱不均衡的矛盾,水驱开发效果将变差。而在高含水期或特高含水期转入周期注水,高渗层内流体多为注入水,高低渗带间液流交渗作用才有意义,毛细管压力和亲水油藏的吮吸作用能够得到充分发挥,提高油藏采收率幅度相对较高。

二是根据生产情况,在常规注水方式下开发,含水上升率较高,有必要开展不稳定注水。

2)注采比优选

合理注采比范围为0.9~1.05。过高的注采比会造成水窜,含水上升快,区块最终采收率低;注采比过低,地层压力下降快,不能正常生产;注采比在0.9~1.05时,含水上升较慢,压力能保持稳定,开发效果较好。

3）注水周期优选

优选合理注采比和注水方式后，可对波动周期进行计算。对平面径向流油藏，最优化的工作周期交替频率为：

$$\omega = 4\eta/R^2 \tag{4-10}$$

最优化工作周期：

$$T = IR^2/(4\eta) \tag{4-11}$$

$$\eta = K/[(\beta_r + \phi\beta_I)\mu] \tag{4-12}$$

式中 R——排泄单元半径，m；

I——排泄单元长度，m；

β_r——岩石压缩系数，MPa^{-1}；

β_I——液体压缩系数，MPa^{-1}；

T——周期，d；

K——渗透率，mD；

ϕ——孔隙度，%；

μ——液体黏度，mPa·s。

根据上式计算注水周期。

4）注水量波动幅度

注水量波动幅度计算公式：

$$X = (q_1 - q_2)/q$$

式中 q_1——不稳定注水时最大注水量，m^3/d；

q_2——不稳定注水时最小注水量，m^3/d；

q——常规注水量平均注水量，m^3/d；

X——注水幅度。

数模结果表明，注水量波动幅度高于50%效果最好。低于这个量值，一个周期内，为了保持一定的注采比，注水时间就要相对延长，而长注短停效果差。但水量波动幅度过大，对注水压力要求过高，也会给注水系统带来难度。根据注水量的波动幅度，考虑到低渗透油田保持地层压力开发的要求，采用了强注和弱注的方式。

5）注水方式对称性选择

根据周期注水的模拟结果，长注短停的采收率最低；对称型即注停相等的效果略好；不对称型的短注长停效果更好；不对称的水井强注期间油井停产，水井停注期间油井枯竭采油，这种方式采收率最高。

6）采用改向注水的方式

采用注水井井排交替强注、弱注的方法，即一排注水井强注时，另一排注水井弱注，依次交替。从而对应一排油井，有两排注水井改向交替注水，能够起到较好的注水效果。

例如，渤南油田三区 $E_1s_3^4$实施周期注水，其控水增油效果较为明显。实施周期注水后，日产油由停注前的36.0t 上升到停注8个月后的61.0t，综合含水由停注前的85.9%下降到停注后的79.0%，水驱动用储量由周期注水前的 184.0×10^4t 上升到目前的 229.0×10^4t。

第五章

低渗透油田油层改造技术

低渗透油田改造的关键是如何降低储层伤害和提高油井导流能力，目前降低储层伤害方面主要应用的是酸化解堵工艺技术，提高油井导流能力方面主要应用的是压裂改造工艺技术，多脉冲造缝与酸化联作技术则是造缝与酸化处理的综合技术。

第一节　酸化解堵技术

一、低渗透储层伤害主要原因

1. 钻井过程钻井液对储层的伤害

(1)钻井液中固体颗粒对油层的伤害。钻井液中固体颗粒对油层的伤害，钻井液液柱的压力和地层压力的差值越大、浸泡时间越长，固体颗粒就会浸入越远。

(2)钻井液滤液对油层的伤害，一是水锁，二是乳化堵塞，三是润湿反转。再有滤液与地层水中的离子作用产生沉淀，黏土与滤液相遇发生膨胀等，其中水锁是主要因素。

2. 完井作业过程中对油层的伤害

射孔液固相、液相的侵入使油层的绝对渗透率和油气相对渗透率降低，成孔过程中由于聚能射孔弹爆炸产生的瞬时高温、高压，使孔眼周围形成一个压实带。射孔参数不合理会使油层打开程度或性质不完善。射孔压差不当会加剧射孔液固相、液相的侵入。

3. 增产措施过程中的油气层伤害

(1)酸液与地层岩石及地层流体不配伍。

(2)排液不及时及二次沉淀堵塞地层。

(3)压裂过程中易发生水敏、速敏等反应。

(4)压裂过程中,基液携带的不溶物、固相颗粒、残渣等堵塞孔道,降低渗透率。

4. 采油生产过程中的油气层伤害

(1)生产压差过大,使近井地带岩层胶结强度破坏,发生出砂。

(2)采油生产管理对储层的伤害。

(3)注水过程中对储层的伤害,水质不达标是主要原因。

二、酸化解堵工艺技术

1. 土酸酸化工艺技术

土酸酸化是最传统的酸化解堵方法之一。通过对岩心酸蚀、高温缓蚀剂以及多种添加剂的筛选试验研究,确定出合理优异的配方,对解除近井地带的钻井液污染、注水井的二次堵塞、油井的增产都有显著的效果。这种工艺技术得到了大面积的推广,目前还在大量应用。

2. 胶束酸酸化工艺

1983 年 7 月,中原油田进口了美国 NL 公司的胶束溶液 MAS 用于现场 3 口井的试验,通过分析研究认为它是一种好的添加剂。结合中原油田的特点,研制了酸化胶束溶液 JS841 及浓缩酸。1987 年研究完成的这种酸液,有较低的表面张力,有悬浮微小固体颗粒能力,能同时解除无机堵塞物和有机堵塞物,与地层水及原油相遇不产生乳化和沉淀,可预防 CaF_2沉淀。该工艺获得国家科技进步三等奖。目前该工艺技术已得到广泛应用。

3. 低伤害酸化工艺技术

1986 年开始研制以磷酸、氢氟酸为主体的 LD871 低伤害酸液,该研究项目是“十五”国家科技攻关项目的子课题,从胶束酸浓缩酸的不足入手,总结了胶束酸浓缩酸室内研究及现场应用经验,全面考虑了油气层解堵及保护问题。低伤害酸液是针对灰质和泥质含量较高的砂岩地层酸化,容易造成二次沉淀问题而研究的一种酸液体系,在解除污染的同时,又能使酸化副产物得到抑制,减少二次污染。该工艺目前应用广泛。

4. 磷酸缓速酸化工艺技术

磷酸的电离度低,加入专用的添加剂后有明显的缓速效果。高浓度的 PPAS 与盐酸或氢氟酸联合使用,特别适用于处理钙质含量较高的砂岩或石灰岩储层。该酸液具有良好的黏土稳定性、低腐蚀速度,能延缓酸岩的反应速度,使活性酸的穿透距离增大,有良好的铁螯合能力。该工艺已得到广泛应用。

5. 氟硼酸缓速工艺技术

氟硼酸水解速度较慢，水解生成的 HF 与矿物发生反应。用氟硼酸缓速工艺技术处理地层有如下特点：酸岩反应速度慢，活性酸穿透距离大，处理半径大；能将黏土及其他微颗粒合成为惰性粒子，就地胶结，从而稳定黏土，防止微粒运移造成的伤害；能抑制黏土矿物的水敏性膨胀；对储层保护好，有效增产期长。目前应用较少。

6. 自生土酸缓速工艺技术

将酯与氟化铵在井口混合后以较低的排量注入地层，酯分解生成有机酸，有机酸再与氟化铵反应生成氢氟酸。理论上该工艺可以将酸注入很深的部位进行酸化。使用不同的酯类化合物（甲酸甲酯、乙酸甲酯、一氯代醋酸铵、三氯甲苯等）可以满足不同储层温度（40～107℃）的要求。该酸液的反应速度慢，处理范围大，对管柱及设备腐蚀性小，在地下生成的酸量有限，成本较高是制约它现场应用的主要原因。

7. 泥酸工艺体系

顺序注入盐酸和氟化铵，利用黏土的天然粒子交换性，在黏土表面生成氢氟酸，就地溶解黏土。该工艺的实质是先注入一种只与黏土进行离子交换的液体，然后注入第二种液体并在黏土表面与第一种液体反应生成氢氟酸，根据需要可多级重复进行。该体系中的氢氟酸是离子交换生成的，因此总的反应速度与地层温度之间的关系不像其他酸液体系那样敏感，有效作用距离可以超过 2.0m。该酸液优先溶解黏土，不破坏骨架，酸化后不会带来出砂矛盾，可以解除地层深部堵塞，处理半径较大，酸液对设备腐蚀性小。该工艺产酸量少，现场应用受到影响。

8. 硝酸粉末酸化工艺技术

利用携带液把固体硝酸挤入地层，与地层水混合后释放出活性硝酸，同时配合其他无机酸和添加剂，形成多组分强酸体系，解除地层中各种无机、有机堵塞，疏通油流通道。该工艺技术在地层中发生可溶性盐反应，在反应中产生热，能降低原油黏度，对设备及管柱腐蚀性小，施工运输方便。在引进该技术的过程中，进行了一系列的改进完善与创新，自主合成了硝酸粉末，研究筛选的高效缓蚀剂、FP－Ⅲ发泡剂，性能优越，攻克了硝酸粉末携带液的难题（原为柴油），降低了施工成本，便于推广应用。

9. 二氧化氯增产工艺技术

二氧化氯是一种中性强氧化剂，它能使大分子有机物断链降解为小分子有机物或无机物，它可解除油田开采过程中硫化铁、细菌群落、高聚物、结垢等所造成的地层堵塞，实现油水井的增产增注。另外，对采用高聚物或微生物增产、驱油的油田，应用二氧化氯处理储层，可以清除这些物质在地层的堆积、滞留而造成的渗流孔道堵塞问题，进一步延长老油田的开采年限。

二氧化氯和酸液的复合应用，产生系列应用于现场的酸化工艺，如 SQR 深穿透复合解堵工艺技术、压后处理工艺技术等。该工艺技术现场应用较多。

10. 高压水井增注工艺技术

由于个别区块物性差，随着油田不断地注水开发，注水压力不断升高。从升高机理分析入手，完成了酸液体系的研究。该酸液体系由多元复合酸及多功能添加剂组成，整个酸液在地层条件下 pH 值大于 2，可有效预防氢氧化物沉淀，具有防止乳化、抗酸渣、防黏土膨胀、有利于助排等作用。该工艺在现场应用效果明显，增加了水驱动用储量。

11. 油水井堵水(调剖) – 解堵工艺技术

由于油层渗透率存在差异，层间矛盾突出，开发难度越来越大，部分主力油层被淹，而含油饱和度较高的低渗透油层得不到有效动用。先后开展完成了油井堵水 – 解堵综合工艺技术、水井调剖增注工艺技术研究。把堵水(调剖)酸化两种工艺和化学配方有机结合起来，充分发挥两种工艺的综合协调作用，在封堵高渗透层的同时，解除低渗透层的污染堵塞。在油井上起到增油降水，水井上起到调整改善注水剖面的目的，现场应用效果明显。

12. 热化学解堵工艺技术

石蜡和沥青以不同的数量和形态存在于原油和天然气中。在开采过程中，油气沿着油管上升，随着温度和压力的不断下降以及轻质成分的逸出，蜡开始结晶沉淀，堵塞油流通道，从而导致产量下降，严重的导致停产。目前现场应用清防蜡的主要方法有：刮蜡片清蜡、清蜡剂清蜡、热洗清蜡。把清蜡剂灌入井筒，通过循环浸泡蜡就溶解，溶剂在接触点会被蜡饱和，成本较高。清防蜡剂所含有的氯化物质含有机氯化铁，它可以造成炼油厂的某些催化剂中毒。热洗造成的危害就更多了。自生气热解堵剂由两种反应生热剂和引发剂组成，它可以发生一系列的化学反应，产生大量的反应热和稳定气体，配合一定量的酸液，具有高效的解堵作用。

13. 提高重复酸化效果技术

随着油田的深入开发，酸化效果逐渐变差，为此进行了重复酸化工艺技术研究。酸液由多氢离子有机膦酸、脂肪酸酯和含氟离子盐组成。脂肪酸酯水解提供 H^+ 与氟盐首先反应生成氢氟酸。由于有机膦酸的多羟基结构，在酸性条件下络合置换的 H^+ 与氟盐反应仍生成氢氟酸。同时其释放 H^+ 速度较慢，能保护酸液体系维持很低的 pH 值，能达到深部高效溶蚀地层矿物的目的。该工艺在现场应用效果明显，在有效期 212 天内，单井平均增油 547.8t。

14. 多脉冲复合解堵工艺技术

多脉冲造缝技术是在单脉冲高能气体压裂技术基础上发展起来的可控脉冲压裂技术，将高能气体压裂技术中的推进剂一次发火燃烧，改进为不同燃烧推进剂的组合或分段延时发火燃烧，产生大量高温高压气体压裂岩层，形成多个高压脉冲波加载冲击岩层，使岩层产生多条不受地应力控制的裂缝，并促使裂缝在多脉冲加载波的连续作用下，快速拓展延伸，形成较长的多裂缝体系，增加与天然裂缝的沟通概率，同时伴随大量的热量作用于地层深部，能大大提高地层导流能力。多脉冲造缝与酸化联合作业，可以减少酸液在地层中的移动阻力，增大酸液的运动距离，燃烧释放出大量的热量可以解除有机堵塞，酸液刻蚀裂缝壁面，增加了裂缝的粗糙度，有效地阻止了裂缝的闭合，提高了基质裂缝的渗流能力。

除多脉冲装置和推进剂为西安石油学院研制外，研制了耐高温缓速酸配方体系，表面张力低，在现场应用增产增注效果明显。

15. 水平井酸化工艺技术

水平井技术作为老油田调整挖潜提高采收率、新油田实现高效开发的一项重要技术，最早出现于美国 20 世纪 20 年代，随着工艺的不断改进完善，到了 80 年代才开始大规模应用。国内外研究表明：水平井技术用于裂缝性油藏、边底水油藏、气顶油藏、稠油油藏、低渗透油藏能产生很好的开发效果。水平井水平段一般较长，在钻井完井过程中与直井相比，水平井的油层与各种入井液的浸泡时间更长、接触面更大，再加上高压差、润湿反转等因素影响，油层受到的伤害较大。

美国、加拿大的水平井工艺技术走在世界最前沿，国内胜利油田起步最早，从设计、钻井到采油都有整套的工艺技术在现场应用。2001—2003 年，中原油田开展了适合本油田的水平井酸化工艺技术研究，并取得了相当多的研究成果，研究完成了水平井污染分布预测、低伤害复合酸、长效缓蚀技术、酸化转向技术、连续油管施工工艺、高效助排技术。通过控制酸液中 H^+ 的缓慢电离，达到深穿透低伤害的目的。酸化中采用油溶性转向剂对已解堵井段进行暂堵，促使酸液到达未解堵井段，或采用连续油管工艺，实现全井段均匀解除污染堵塞。使用长效缓蚀剂解决了酸液长时间浸泡对管线、设备的腐蚀问题，同时也降低了产生 Fe^{3+} 到地层产生二次沉淀的可能。高效助排剂能加快残酸返排速度，提高返排效率，防止残酸在油层中产生二次伤害，提高酸化效果。

16. 活性剂解堵技术

不同作业过程中经常使用的许多化学添加剂，可能与地层流体发生有害反应，从而改变了油水界面张力和导致润湿性转变。这种变化能降低原油在近井壁附近的渗透率，伴随这些表面张力和界面性能的改变而来的是外来的油与地层水或外来水相流体与地层中的油相混合，形成油或水作为外相的乳化物。这些乳状液在有乳化物、微粒，或黏土颗粒时能稳定存在。比孔喉尺寸大的乳状液滴能堵塞孔隙、增加黏度，降低原油的有效流动能力，伤害产层产能。中原油田采油一厂、采油三厂、采油六厂工艺所在这方面做了大量工作。2007 年现场施工 15 口井，试验取得了成功；但要认清其真正的堵塞原因，可能还需要做很多工作。从效果上看，只有两口井当年增油达到 150t 以上。

17. 纳米增注工艺技术

纳米聚硅降压增注技术是近几年发展起来的一种新型高效增注技术，用这种技术处理近井地带的研究在国内外刚刚起步。在 20 世纪 90 年代，俄罗斯研究人员用憎水聚硅对注水井地层孔隙空间进行憎水化处理，并于 1996 年首先在罗马什金油田，将这种聚硅材料用于处理注水井。该项技术被称为“泡雷希尔技术”，目前已经在俄罗斯的鞑靼斯坦、西西伯利亚、秋明、乌德米尔基、克拉斯诺达尔—克拉亚、萨玛尔什基等地区的油田进行了两百多口井的现场试验。

纳米聚硅材料具有超细、强吸附、高比表面的特性，根据需要可以将其表面改性后处理成憎水亲油的纳米粉粒，当其被挤入地层孔隙后，可改变砂岩表面的润湿性，降低注入水的流动阻力，提高水相渗透率，从而达到降低低渗透油藏水井注水压力，改善吸水剖面的效果。

与酸化增注工艺相比，纳米聚硅材料可进入地层深部，扩大了处理半径，可更大范围地调整注水效果；且纳米材料与砂岩地层是一种物理吸附的过程，没有反应副产物，不会造成二次堵塞。此外，对管柱及施工人员没有危害性，具有显著的技术优势及环保优势。

18. 充气泡沫酸化工艺技术

泡沫酸是一种气体分散在酸液中形成的气液分散体系，把泡沫特性与酸化液结合，使得配制的酸化液兼有泡沫性质和酸化能力。具体就是以常规酸化液及其添加剂为基液，由起泡剂和稳泡剂构成的多相体系，是一种缓速酸。气体可以是氮气、空气、天然气或者二氧化碳气体；液体可为各种酸、添加剂、起泡剂、稳泡剂。起泡剂一般为非离子型和阳离子型表面活性剂；稳泡剂常为水溶性聚合物。泡沫酸总体积中气体部分的体积含量称为泡沫质量，液体部分的体积称为泡沫湿度。泡沫质量的变化范围为 50% ~99%，油气田通常所用的泡沫酸的泡沫质量为 60% ~80%。

近年来对有关泡沫酸化进行了深入细致的研究，在了解国内外研究现状及发展趋势的基础上，完成了泡沫酸配方体系研究、泡沫酸在井筒及环空中的流动规律研究、泡沫酸流动形态及渗流机理相关实验研究、泡沫发生器的研制。由于泡沫酸的优越性能，它适合任何井的酸化，适合任何井筒技术条件下的酸化，推广应用前景广阔。

第二节　多脉冲造缝与酸化联作技术

以经济而有效的技术获得地层中更高的油气产量，是油田开发的重要目标。传统的酸化技术多用于中高渗透储层，酸液穿透距离短（1～1.5m），难以实现油层深部的解堵。多脉冲造缝技术是一种可控脉冲压裂技术，既延长了推进剂的燃烧时间，又形成一种随时间振荡起伏的对地层作用压力，进行多次脉冲造缝。因此，针对中原油田老区的调整挖潜和新区的勘探开发，为使低渗透油藏得到有效的开采，充分利用多脉冲造缝和酸化的各自优势，吸取两种解堵方法的优点，开展了多脉冲造缝与酸化联作技术应用研究。

一、多脉冲造缝与酸化联作机理

1. 多脉冲造缝基本原理

多脉冲造缝是在单脉冲高能气体压裂基础上利用不同燃速推进剂的组合和分段延时发火燃烧，实现多级脉冲。首先在射孔层段产生第一级高压脉冲波，其压力大于地层破裂压力1.5～2.5倍，快速起裂压开地层，形成3～8条裂缝，后续脉冲波连续补充能量，对地层再实施2～3次高压脉冲波加载，继续促使裂缝快速延伸，从而在地层形成较长的多裂缝体系，更加有效地实现增产增注。

在地层起裂阶段，压力曲线基本相同，单脉冲高能气体压裂仅有一个峰值压力，而多脉冲造缝形成多个脉冲加载，产生两个以上峰值压力。在裂缝延伸阶段，第二、三级脉冲的峰值压力低于单脉冲，但压力作用时间延长4～6倍，大大长于单脉冲的作用时间，缝长增加1.5～2倍。

2. 多脉冲造缝与酸化联作机理

为了增加酸液的穿透深度，把多脉冲造缝与酸化结合起来，即在高温高压燃气压裂地层的同时，对裂缝面及其邻近地层进行酸化处理，更大程度地解除近井地带污染。

1）多脉冲造缝与酸化联作的作用

多脉冲造缝与酸化联作可产生以下四个方面的作用：

（1）机械作用。多脉冲造缝能形成径向长4～10m、不受地应力控制的多裂缝体系。由于裂缝的随机性，一方面增大了与天然裂缝沟通的可能性，减少井筒附近的油流阻力；另一方面能有效地穿透污染带，降低表皮系数，提高近井地带油层导流能力。

(2)脉冲作用。在多脉冲造缝的动态过程中,压力的变化是脉冲式的、逐渐衰减的过程,形成的高压把井筒内液柱举升 10~25m;压力降低后回落,在井筒附近形成较强的水力冲击波,同时产生吞吐效应,对油层的机械杂质堵塞起到更好的解堵作用。

(3)热力作用。火药燃烧时释放出大量热量,一般能达到 600~800℃,相对集中的热量完全可溶解近井地带的蜡质和沥青质,疏通炮眼,解除油层孔道的有机堵塞,改善地层渗透性。

(4)化学作用。在多脉冲造缝的同时或之后将缓速酸液注入地层,酸液在溶蚀裂缝壁面的同时,会疏通附近一些天然微裂缝,形成分支导流通道。另外,火药燃烧后产生一定量的 CO_2、CO、N_2、NO 及 HCl 气体,对油层也能起到一定程度的酸化解堵作用。

2)多脉冲造缝与酸化联作的效果

(1)增加酸液的穿透距离。多脉冲造缝后在井内形成 4~10m 的多条径向裂缝,酸液由此侵入裂缝,减小了酸液在地层中移动的阻力,增大了酸液的运动距离。

(2)增加酸化的效果。高温气体使酸液较好地达到活化状态,提高酸岩反应速率;同时高压气体清除岩石表面吸附的有机物,使酸液直接接触岩石,提高酸化效果。

(3)酸液刻蚀裂缝壁面。酸液对裂缝表面的刻蚀作用,增加了裂缝表面的粗糙度,有效地阻止了裂缝的闭合,提高了基质缝面渗流能力。

二、HS-3 耐高温缓速酸研究

中原油田大多数油藏埋藏深,油层温度高,要求酸液能够耐高温。多脉冲造缝瞬时可产生 600~800℃的高温,使井筒温度升高,也要求酸液能够耐高温。同时多脉冲造缝实现酸液深穿透,需要酸液具有一定的缓速性能。

1. 缓速酸的缓速机理

HS-3 耐高温缓速酸体系是把缓速剂、有机酸等按一定比例复配到土酸中,其中有机酸保持残酸低 pH 值,缓速剂与氟离子生成较稳定的络离子,通过协同作用实现缓速。各级络离子离解平衡中所存在的 F^-,与酸液中的 H^+ 形成 HF,溶解黏土等堵塞物。随着 HF 的消耗,络离子继续释放 F^-,这种反应受到络离子稳定性的控制,从而减缓 HF 的生成速度,达到缓速的目的,最终使酸液的穿透深度大大提高。

2. 溶蚀实验

参照中华人民共和国石油天然气行业标准 SY/T 5886—93《砂岩缓速酸性能

评价方法》中的静态失重法，在常压、85℃、酸液过量的条件下测算出酸液在不同时间下对天然岩屑、石英砂的溶蚀率。岩屑为文留油田 W33－205 井天然岩心岩屑（80 目）、石英砂（18～40 目）。其中岩屑和石英砂用过量的5%盐酸处理，洗净烘干，实验结果见表5－1。

表5－1　不同酸液对天然岩屑的溶蚀率（85℃）

酸液类型	不同时间下的溶蚀率（%）							
	0.5h	1h	2h	4h	6h	8h	10h	12h
土酸	20.2	24.6	30.2	32.13	35.05	39.5	42.47	46.4
HS－1	19.65	21.9	23.65	25.1	28.8	34.42	34.95	40.7
HS－2	22.7	26.8	29.5	30.05	37.85	38.9	41.86	47.4
HS－3	18.5	22.6	25.8	32.15	35.8	35.86	37.43	41.4
HS－4	12.65	14.7	20.25	23.65	25.18	27.42	29.5	33.8
HS－5	11.35	13.9	19	21.75	22.1	27.73	30.52	32.5
HS－6	17.4	21.55	29.8	35.2	35.95	38.2	40.85	42.4

由表5－1可以看出，HS－3酸液的溶蚀率较常规土酸明显降低，缓速效果相对较好，且具有一定的溶蚀能力。

由表5－2可以看出，常规土酸与石英砂的反应速率很快，其溶蚀率在短时间内达到很高，因此不能进行深部酸化。HS－3的溶蚀率较常规土酸有明显降低，缓速效果相对较好，从总溶蚀率（12h 时）分析其具有较强的溶蚀能力。

表5－2　不同时间酸液对石英砂的溶蚀试验（85℃）

酸液类型	不同时间下的溶蚀率（%）									
	0.5h	1h	2h	4h	6h	8h	10h	12h	14h	16h
土酸	13.81	14.36	19.52	24.77	25.27	—	—	—	—	—
HS－3	5.48	6.86	9.53	13.06	15.32	17.51	21.24	23.17	24.80	25.87

3. 高温对酸液性能影响研究

1）高温对酸液稳定性的影响

在多脉冲造缝的作用下，待改造储层裂缝存在局部高温区域。HS－3缓速酸在150℃的恒温1h、4h、8h、12h、24h后，酸液均澄清透明，表明HS－3酸液热化学稳定性能良好。

2)高温对酸液缓速效果的影响

将配制好的 HS－3 缓速酸与等量石英砂按试验设计装入试验容器中，置于 150℃恒温油浴中。反应时间 2h 的土酸和 HS－3 缓速酸的溶蚀率分别为 34.5%、27.4%，反应时间 6h 的土酸和 HS－3 缓速酸的溶蚀率分别为 50.8%、35.5%。实验结果表明，HS－3 缓速酸配方表现出良好的缓速性能和较强的溶蚀能力，完全可以满足多脉冲造缝后储层高温情况下的酸化解堵。

4. 综合性能评价

将 HS－3 缓速酸与缓蚀剂、表面活性剂、黏土稳定剂、铁离子稳定剂、破乳剂、互溶剂等多种添加剂按一定比例浓度配制成缓速酸液配方体系，并测试其综合性能，其结果见表 5－3。该酸液体系具有较好的缓速性能、较高的溶蚀能力和防二次伤害能力，且热稳定性强，与地层配伍性好：(1)常温下放置 7 天不产生沉淀、分层；(2)与地层水、回注污水按不同比例充分混合，分别在常温及 120℃烘箱中恒温 24h，未见分层和沉淀生成；(3)120℃加热 4h，不发生乳化、沉淀和分层现象。

表 5－3　耐高温缓速酸液综合性能指标

缓速率(%)	腐蚀速率(150℃,4h)[g/(m² · h)]	表面张力(mN/m)	界面张力(mN/m)	防膨率(%)	稳定 Fe^{3+} 能力(mg/mL)
90.6	36.8	22	0.48	90	8

5. 岩心动态模拟试验

1)长岩心流动试验

鉴于短岩心只能有效地描述近井地带储层的变化，不能研究酸－岩反应产物二次沉淀、微粒运移等影响，因此采用长岩心流动试验对缓速酸的缓速性能进行评价。选用的是中原油田文 33－205 井天然岩心，试验用长岩心是由三段等长(3cm)的短岩心串接而成。

试验程序为：预冲洗液(3% NH_4Cl)→主体酸→后置液。所驱替的 NH_4Cl 溶液、主体酸和后置液量均为 5 倍孔隙体积。主体酸选取土酸和 HS－3。试验时间为土酸恒温 40min，HS－3 恒温 8h。

从图 5－1 可直观地分析出，土酸仅对第 1 段酸化效果好，第 2、3 段渗透率相比第 1 段渗透率有大幅度下降。HS－3 初期渗透率改善效果小于土酸，但 HS－3 第 2、3 段渗透率基本未变化，反映出 HS－3 缓速性能好，溶蚀能力较强，有效作用距离明显优于土酸，且对岩心基本无伤害。

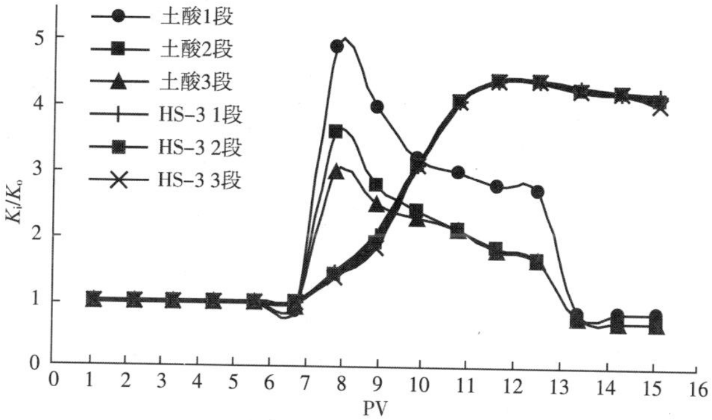

图5-1 长岩心驱替试验对比曲线

2)造缝与酸化联作动态模拟试验

选取两块长5cm的人造岩心,一块岩心模拟单独酸化,另一块岩心模拟造缝与酸化联作,人工造缝模拟地层条件下产生的裂缝,再驱替缓速酸,对造缝、常规酸化及造缝与酸化联作三种解堵技术对渗透率改善情况进行比较,从而进一步验证联作的作用效果。

造缝后渗透率迅速提高,增加20倍左右。先驱替NH_4Cl溶液,再驱替缓速酸,渗透率又继续增加,说明缓速酸对裂缝进行了不规则的刻蚀,进一步溶蚀岩石缝面,同时消除堵塞物。由单独酸化的驱替曲线看,30PV后驱替缓速酸,渗透率增加5倍左右,表明造缝与酸化联作工艺技术比单一造缝和单独酸化可更加有效地改善近井地带渗透率。

三、现场应用

1. 施工效果

多脉冲造缝与酸化联作技术自2004年4月以来,已先后分别在中原油田采油二厂、采油三厂、采油五厂和采油六厂现场应用12井次,其中油井5口、水井7口,施工工艺成功率100%,施工井有效率91.6%,油井单井平均累计增油349t,水井单井注水压力平均下降7.1MPa,平均累计增注5615.4m^3,对应油井累计增油619.3t,平均有效期181天。截至2005年11月15日,累计增油2368.3t,累计增注39308m^3,取得了较好的增产增注效果,在油井增产增效、水井降压增注方面显示了较好的推广应用前景。

2. 典型井例

新卫2-48井位于中原油田采油三厂卫2北块,于2004年9月开始转注,生产层位S_3下$^{6-8}$,2714.3~2789.0m,30.9m/9层。措施前油压24MPa,配注60m^3,转注后注不进水,地质分析油层严重污染,要求对注水层解堵增注。2004 年 11 月 2 日施工,采用三级脉冲造缝,施工设计装药量为 55kg,酸液用量 $55m^3$,整个施工过程泵压在 4~6MPa 变化。措施后解除了油层污染,注水压力降至 16MPa,日注水量 $60m^3$(目前控制注水),达到配注要求,取得了明显的降压增注效果。截至 2005 年 11 月 15 日,有效期 375 天,累计增注 $18260m^3$。

四、结论

(1)在单脉冲高能气体压裂技术基础上,研究了多脉冲造缝技术及其与酸化联作的机理。理论分析表明,多脉冲造缝与酸化联作结合了多脉冲造缝和酸液溶蚀壁面岩石及基质的优点,能大大提高有效作用范围内地层的导流能力。

(2)研究出与多脉冲造缝技术相配套的 HS-3 耐高温缓速酸配方,实现缓速比较理想,具有良好的缓速作用,可以在较高储层温度条件下进行酸化改造。

(3)长岩心流动试验证明 HS-3 缓速酸对岩心有较好的改善效果,基本未对岩心造成伤害。造缝与酸化联作动态模拟试验表明,联作技术比单独的酸化或造缝技术渗透率改善效果显著。

(4)现场应用表明,工艺成功率 100%,有效率 91.6%,取得了较好的增产增注效果,显示了较好的推广应用前景,填补了中原油田多脉冲造缝与酸化联作施工的空白。

第三节　压裂改造工艺技术

一、压裂井选井原则

压裂井选井原则考虑以下因素:

(1)选取表皮因子较高、油层伤害重的井。表皮因子通过压力恢复分析求得。

(2)选取比产液能力较低的井。比产液能力是指目前的产液量与峰值产液量的比值,该比值越低,压裂措施可能越有效。

(3)选取水油比较低的井。水油比越低,压裂井越有潜力。

(4)选取单井采收率为区块总采收率平均值的井。如果单井采收率很低,说明油藏品位很差;如果此值很高,说明油井不需要压裂措施;如果这个值很接近油区平均值,说明该井最适合压裂。

(5)选取从未进行过二次增产措施的井或过去 5 年内从未进行过增产措施的井。

二、压裂过程中的储层伤害因素分析

1. 压裂液对储层的伤害

压裂液进入地层后通过物理或化学作用引起地层渗透率下降，根据压裂液作用位置可分为地层基质损害和支撑裂缝损害。根据流体性质不同，其损害又可分为以下类型。

（1）液体损害压裂液滤液引起的地层黏土膨胀、分散、运移、堵塞孔道，滤液进入喉道后由于毛细管压力的作用而造成水锁，润湿性反转使油相渗透率变小，与地层流体配伍性差而产生沉淀等。

（2）固体损害压裂液破胶水化后，残留固相颗粒对地层喉道和支撑裂缝造成堵塞。

（3）压裂液滤饼和浓缩胶损害由于滤失作用，在压裂成的裂缝表面形成致密的滤饼；同时滤液进入地层裂缝内形成浓缩压裂液，破胶困难，导致裂缝导流能力大大降低。

2. 压裂液残渣引起的地层伤害

压裂液残渣是压裂液破胶后不溶于水的固体微粒，其来源主要是植物胶稠化剂的水不溶物和其他添加剂的杂质。残渣对压裂效果的影响存在双重性：一是形成滤饼，阻碍压裂液侵入地层深处，提高了压裂液效率，减轻了地层伤害；另一方面是堵塞地层及裂缝内孔隙和喉道，增强了乳化液的界面膜厚度，难以破乳，降低地层和裂缝渗透率，伤害地层。

压裂液残渣含量及性质与压裂液添加剂及配方、温度和时间等因素有关。对于低水不溶物的稠化剂，且在破胶体系（破胶剂及用量）较好时，压裂液残渣含量较低，一般小于5.0mg/L；而对于高水不溶物（大于20mg/L）的稠化剂，若破胶体系选择不当，压裂液残渣含量可大于20.0mg/L。易破胶的硼交联压裂液体系残渣明显低于较难破胶的有机金属（如钛、锆）交联压裂液。

残渣对地层与裂缝的伤害程度，还与其在破胶液分散体系中的粒径大小及分布规律有关。使用激光粒度分析仪可测量残渣破胶液中粒径的分布。当固体颗粒直径小于地层孔喉直径的1/3时，则不能进入油层造成伤害。而一般不同渗透性油气藏，岩心孔隙最大孔径均小于20m，平均孔径小于10m。因此，压裂液能进入岩心中起伤害作用的残渣颗粒是很少的。

压裂液对低渗透地层基质的伤害主要是由滤液引起的。

压裂液破胶液残渣对支撑裂缝存在一定的损害。破胶水化液表观黏度小于10mPa·s，这表明压裂液破胶后的产物中仍有短链分子或支链分子存在，并吸附于支撑剂和岩石表面,从而降低裂缝导流能力。残渣损害主要是由于残渣颗粒堵塞了裂缝中部分孔隙喉道,导致流动能力降低。对支撑裂缝导流能力的损害是破胶液和残渣叠加作用的结果,残渣含量越大,损害越严重。

另外,不溶性的降滤失剂和支撑剂中的破碎、化学反应沉淀以及地层原油中蜡和沥青的析出等因素均能造成对地层的伤害。

因此,除了在压裂施工中,加强现场质量控制外,首先还要选用低水不溶物稠化剂和易降解破胶的交联剂;其次要优选破胶体系,实现压裂液彻底破胶、水化,减少压裂液残渣对地层基质和支撑裂缝导流能力的损害。

三、压裂材料性能评价及优选

1. 压裂液性能评价及优选

根据中华人民共和国石油天然气行业标准 SY/T 6376—1998《压裂液通用技术条件》,压裂液的性能要求见表 5－4。

表 5－4　压裂液的性能要求

<table>
<tr><th rowspan="3">序号</th><th rowspan="3" colspan="2">项目</th><th colspan="3">指标</th></tr>
<tr><th>低温</th><th>中温</th><th>高温</th></tr>
<tr><th>$-20℃ \le T < 60℃$</th><th>$60℃ \le T < 120℃$</th><th>$120℃ \le T < 180℃$</th></tr>
<tr><td>1</td><td colspan="2">基液密度</td><td colspan="3">1.000 ~ 1.050</td></tr>
<tr><td>2</td><td colspan="2">基液表观黏度(mPa·s)</td><td>20 ~ 40</td><td>30 ~ 60</td><td>40 ~ 90</td></tr>
<tr><td>3</td><td colspan="2">交联时间(s)</td><td>15 ~ 60</td><td>30 ~ 120</td><td>60 ~ 300</td></tr>
<tr><td rowspan="2">4</td><td>剪切</td><td>剪切时间(min)</td><td>60</td><td>90</td><td>120</td></tr>
<tr><td>稳定性</td><td>表观黏度(mPa·s)</td><td colspan="3">≥50</td></tr>
<tr><td>5</td><td colspan="2">稠度系数($Pa \cdot s^n$)</td><td colspan="3">0.8 ~ 2.5</td></tr>
<tr><td>6</td><td colspan="2">流动行为指数</td><td colspan="3">0.3 ~ 0.7</td></tr>
<tr><td>7</td><td colspan="2">静滤失系数($m/min^{1/2}$)</td><td colspan="3">$\le 6 \times 10^{-4}$</td></tr>
<tr><td>8</td><td colspan="2">初滤失量(m^3/m^2)</td><td colspan="3">$\le 1 \times 10^{-3}$</td></tr>
<tr><td>9</td><td colspan="2">滤失速率(m/min)</td><td colspan="3">$\le 1 \times 10^{-4}$</td></tr>
<tr><td>10</td><td colspan="2">破胶时间(h)</td><td colspan="3">≤12</td></tr>
<tr><td>11</td><td colspan="2">破胶液黏度(mPa·s)</td><td colspan="3">≤5</td></tr>
<tr><td>12</td><td colspan="2">破胶液表面张力(mN/m)</td><td colspan="3">≤28</td></tr>
<tr><td>13</td><td colspan="2">破胶液与煤油界面张力(mN/m)</td><td colspan="3">≤2</td></tr>
</table>

续表

序号	项目	指标		
		低温	中温	高温
		$-20℃\leqslant T<60℃$	$60℃\leqslant T<120℃$	$120℃\leqslant T<180℃$
14	破乳率(%)	≥95		
15	降阻率(%)	≥35		
16	残渣含量(mg/L)	≤550		
17	岩心渗透率损害率(%)	≤30		
18	压裂液滤液与地层水配伍性	无沉淀、无絮凝		

注:T为温度。

1)耐温抗剪切性能

压裂液的耐温抗剪切性能是压裂液的重要性能指标,直接影响压裂施工造缝和携砂能力。针对油层温度,选定实验条件,测试了压裂液的耐温抗剪切性能。压裂液的压裂液的稠度系数较大,说明有良好的耐温抗剪切性能。

2)破胶性能

破胶性能直接影响压裂液的返排,是压裂液造成地层伤害的重要因素。破胶剂的合理使用,有利于实现压裂液在短时间内破胶水化,加快返排速度。

3)助排性能

破胶液的表面、界面张力反映助排情况。数字越小表明压裂液的助排性能越好,有利于压后快速返排,可降低压裂液对地层的伤害。

4)滤失性能

在压裂施工过程中,会有压裂液滤失进入地层。滤失量越大,压裂液的效率越低,而且当进入地层的液量增大后,会对地层造成更大的伤害。因此,在优选压裂液配方时,降低压裂液的滤失极其重要。使用高温高压滤失仪,测定压裂液的滤失性能,计算出压裂液的造壁滤失系数,数值越小表明压裂液配方体系的滤失性能越好。

5)残渣性能

残渣是压裂液常规破胶液中残存的不溶物质,残渣含量是影响支撑剂导流能力和滤饼特性的重要因素。当残渣含量过大时,容易造成支撑剂导流能力或者储层基质的潜在伤害。测定残渣含量,为降低油层损害、提高裂缝导流能力提供参考。优化的压裂液在完全破胶情况下残渣含量越小,对地层的伤害越小。

6)基质伤害

压裂液对地层岩心的损害率反映了黏土膨胀、微粒运移、水锁与残渣堵塞以及滤饼阻碍渗透等作用的综合影响。使用动态滤失与伤害仪,配制压裂液,模拟施工条件、储层条件,测试压裂液对地层的伤害。数值越小,表明压裂液体系对低渗透储层基质的伤害越小。

2. 添加剂的优选

1)稠化剂的选择

稠化剂是压裂液中最基本的添加剂之一,其性能主要以其增黏能力、水不溶物含量、含水率来表征。在考查稠化剂性能时,水不溶物含量尤为重要。因为水不溶物含量越高,压裂液残渣含量越多。羟丙基瓜尔胶及香豆胶具有良好的综合性能,表现为水不溶物低,溶液黏度较高,这对于降低低渗透储层的污染堵塞以及携砂是非常重要的。

2)交联剂的选择

压裂液耐高温及延迟交联的关键在于使用适当的交联剂。交联剂的作用是通过化学键联结稠化剂,使之形成三维网状结构。因此,选择交联剂的原则是与选择的稠化剂相适应,形成的三维网状冻胶具有耐高温、延迟交联时间、避免高摩阻等特性。BCL 系列交联剂最高耐温 170℃,与稠化剂间的交联随环境 pH 值和温度升高而呈延迟交联特性,具有良好的耐温抗剪切能力和低摩阻性能,综合考虑以使用有机硼交联剂为好。

3)黏土稳定剂的选择

黏土稳定剂是指抑制黏土膨胀或黏土微粒运移的化学剂,目前使用广泛的黏土稳定剂主要为有机阳离子聚合物和 KCl。KCl 的主要作用机理在于:(1)K^+ 具有合适的未水化半径,能嵌入硅酸盐薄片四面体的六元环中,以牢固的库仑力结合,防止水化膨胀;(2)K^+ 的水化能低,使黏土颗粒间吸附力增大;(3)K^+ 在黏土表面吸附能力强,中和黏土表面部分负电荷,压缩双电层,抑制水化膨胀。有机阳离子聚合物稳定剂也有很多优点,如适用温度范围宽(20 ~ 260℃)、用量少、见效快、有效期长、使用方便、与工作流体和储层相配伍、处理后地层的亲水表面不会出现油湿反转等。因此,这两种黏土稳定剂可一起使用。

4)破胶剂的选择

新型胶囊破胶剂可以保证施工中压裂液的黏度和施工后压裂液的彻底破胶。它是在常规破胶剂颗粒上包裹一层薄膜,使破胶剂延缓释放,这样在施工中它既可保持所需要的黏度,施工后又可在闭合应力作用下破裂释放出破胶活性物质,达到破胶的目的。建议在前置液中加入胶囊破胶剂,以清除压裂液形成的滤饼;携砂液追加普通破胶剂,以彻底快速破胶,同时还能保持压裂施工所需要的较高的黏度。建议施工中采用胶囊破胶剂和过硫酸铵的组合。

5）助排剂的选择

助排剂的作用原理是降低油水界面张力，增大与岩石接触角，有利于降低毛细管阻力，有利于压裂液返排和油相的产出。而其破乳作用将有助于减少压裂液与原油乳化发生乳化堵塞的机会，从而使压裂液快速返排，减少地层伤害，提高油井产量。破乳助排剂 DL－8 具有破乳助排双重作用，并且具有较低的表面张力和界面张力，与压裂液添加剂配伍性好，适合用做低渗油藏压裂液的添加剂。

6）pH 调节剂的选择

pH 调节剂可以调节压裂液的 pH 值，使稠化剂完全分散，快速溶解，提高基液黏度和创造良好的交联环境。配方中选用碳酸钠作 pH 调节剂。不同的交联剂需要不同的 pH 值，不同的延迟交联时间要求不同的 pH 值。

3. 支撑剂性能评价及优选

参见中华人民共和国石油天然气行业标准 SY/T 5108—2006《压裂支撑剂性能指标及测试推荐方法》。

四、重复压裂

1. 重复压裂方式

基于以上两种情况，为使油井增产，采用重复压裂技术。目前国内外实施的重复压裂有以下三种方式。

1）层内压出新裂缝

由于厚油层在纵向上的非均质性，油层内见效程度不同，层内矛盾突出而影响开发效果。可以通过补射非主力油层或对非均质厚油层重复压裂，或者压裂同井新层等措施改善出油剖面，从而取得很好的效果。

2）延伸原有裂缝

油田开发过程中，压力、温度等环境条件的改变，引起原有压裂裂缝失效。对这种类型的井，需要加砂重新撑开原有裂缝，穿透堵塞带就可以获得不同程度的效果。另外，对压裂改造规模不够、支撑裂缝短、裂缝导流能力低的井，必须加大压裂规模继续延伸原有裂缝，或者提高砂量以增加裂缝导流能力。为了获得较长的增产有效期，必须优化设计重复压裂规模。

3）堵老缝压新缝

油田的低渗透层已进入高含水期，原有裂缝控制的原油产量接近全部采出，裂缝成了水的主要通道，但某些井在现有采出条件下控制有一定的剩余可采储量。这时如果采取延伸原有裂缝的常规重复压裂肯定不会有好的效果。最好的办法是将原有裂缝堵死，重新压裂，在与原有裂缝呈一定角度方向上造新缝，这样既可堵水，又可增加采油量。

堵老缝压新缝，实质上就是采用一种高强度的裂缝堵剂封堵原有裂缝，当堵剂泵入井内后选择性地进入并封堵原有裂缝，但不能渗入地层孔隙而造成堵塞，同时在井筒周围能够有效地封堵射孔孔眼；然后采用定向射孔技术重新射孔，以保证在不同于原有裂缝的方位(最佳方位是垂直于原有裂缝的方位)重新定向射孔，以保证重复压裂时使裂缝改向，即形成新的裂缝，从而采出最小主应力方向或接近最小主应力方向泄油面积的油气，实现控水增油。

2. 重复压裂选井选层原则

油井进行重复压裂后能否增产，选井选层是关键。根据对重复压裂机理的研究和压裂井失效原因分析，重复压裂应遵守下列选井选层原则：

(1)油井必须有足够的剩余可采储量和地层能量。有一定的地质储量是重复压裂工艺成功的物质基础，而地层能量则是重复压裂能否见效的重要影响因素。

(2)前次压裂效果较好，但规模不够，或者未能处理整个油层。

(3)前次压裂成功，但由于压后作业事故，造成油气层污染而不能出液。

(4)前次压裂由于施工方面的原因造成施工失败，如早期脱砂，必须在对失败原因进一步分析的基础上加以改进，再进行重复压裂。

(5)初次压裂规模较小、砂比低、裂缝导流能力低、有效缝长较短的井，或裂缝的有效支撑范围不够，或支撑剂铺置不合理，油气产量下降较快的井。

3. 重复压裂材料的选择

重复压裂一般在油井开发中后期进行，因储层地质特征的变化，与前次压裂相比，对重复压裂的要求更加严格。

1)压裂液

压裂液在水力压裂过程中起着传递压力、形成和延伸裂缝、携带支撑剂的作用，压裂液性能的好坏直接影响到压裂作业的成败。

进行重复压裂的井，由于地层能量及油气饱和度的降低，因此对重复压裂的工艺要求更高，压裂液不仅要满足高砂比工艺条件，还要尽可能地降低对地层的伤害及降低压裂液的摩阻，必须对稠化剂、交联剂等入井材料进行优选。因此，压裂液应满足：(1)与地层岩石和地下流体的配伍性；(2)有效地悬浮和输送支撑剂到裂缝深部；(3)滤失少；(4)低摩阻；(5)低残渣，易返排；(6)良好的热稳定性和抗剪切稳定性。

2)支撑剂

支撑剂质量是影响压裂施工效果的重要因素之一，为此应进行重复压裂支撑剂选择研究，以寻求经济适用的重复压裂支撑剂。支撑剂性能评估包括支撑剂的物理性能和导流能力评估。前者包括支撑剂粒度组成及分布、圆球度和表面光滑度、浊度、密度(颗粒密度和体积密度)、酸溶解度、抗压强度;后者包括短期导流能力和长期导流能力。

随着油田的开采,地层压力降低,围岩对裂缝的应力增大,裂缝中支撑剂承受的压力增加,当超过支撑剂的破裂强度时,会压碎支撑剂;或者支撑剂在长期承压下产生日益严重的变形,从而使裂缝的有效裂缝宽度变小,降低了裂缝导流能力,油井产量下降。所以在重复压裂过程中,应该选用强度更高、导流能力更好的支撑剂。

4. 重复压裂工艺方法

重复压裂是在前次压裂失效之后进行的,这时的地层情况已不同于前,重新改造的难度更大,所以必须有针对性地采取措施,才能取得重复压裂的成功。

1)加大施工规模,提高施工砂比

随着开采时间增加,支撑剂在较高的闭合应力作用下破碎率增加或者嵌入到裂缝壁面,从而减小裂缝宽度,降低了裂缝导流能力。在这种情况下,提高施工砂比将有助于降低支撑剂的破碎率,增加裂缝宽度,提高裂缝导流能力,也有助于降低因支撑剂嵌入到裂缝壁面而对裂缝导流能力产生的影响。而加大施工规模,将有助于增加裂缝长度,加大对油层穿透率,从而有利于油气流入井底。

2)投球压裂工艺

在同一开发层系中,由于小层之间的非均质性而存在高渗透与低渗透的差别,为了压开低渗层段,提高油层纵向改造程度,改善出油剖面,采用塑料球选择性压裂工艺。这种工艺是将井中所有欲压开的层段一次射开,利用各层间破裂压力不同,首先压开破裂压力较低的层段进行加砂,然后在顶替液中投入塑料球,将射孔孔眼堵住,再提高压力压开破裂压力较高的层段。

3)利用人工隔层控制缝高

水力压裂特别是重复压裂时,裂缝会向上或向下延伸,影响裂缝的导流能力和压裂效果,造成横向发展短,消耗泵压,降低油气产量,甚至会导致压后完全无效或压开水层,引起油井含水暴增。所以通常希望把裂缝限制在油层内,且裂缝在横向达到合适的长度,这样才能提高油气产量。

人工隔层控制缝高技术是在水力裂缝开始向产层外延伸以前,在注入混砂液前,用携带液携带隔离剂(空心微粉和粉砂)进入裂缝。空心微粉在浮力作用下运动到裂缝的顶部,粉砂在重力作用下沉淀于裂缝的底部,从而在裂缝的顶部和底部分别形成一个低渗透或不渗透的人工隔层。它限制了携砂液压力向上部和向下部传递,从而达到了改变缝内垂向上流压的分布,降低了上下层段中缝内流压与地应力之差，也就增加了上下隔层与产油层之间的地应力差，这样一来就控制了缝高的增加，提高了压裂效率，起到了转向剂的作用，使后来注入的携砂剂转为水平流向，从而使裂缝水平延伸。

工艺过程为：前置液造缝；注入携带液和隔离剂，制造人工隔层；注入前置液；注入混砂液继续延伸裂缝和支撑裂缝，完成压裂全过程。

4）端部脱砂压裂技术

端部脱砂压裂是在水力压裂过程中有控制地使支撑剂在裂缝端部脱出，桥架形成端部砂堵，从而阻止裂缝向缝长方向进一步延伸。继续注入高砂比混砂液，继而沿缝尖形成全面砂堵，缝中储液量增加，泵压增大，促使裂缝膨胀变宽，缝内填砂增大，从而造出一条具有很高导流能力的裂缝。

从理论上讲，前置液应在施工结束时正好从裂缝中全部滤失完毕，携砂液恰好达到裂缝前缘端部，这时将在裂缝端部附近脱砂产生桥塞，裂缝中的净压力因此而急剧升高，这便是端部脱砂压裂技术理论依据。因为净压力的升高将迫使在宽度方向进一步扩展。关键是要选择与控制适当的工艺参数使净压力的升高在施工期间保持在设备的允许压力范围内，并采取控缝高技术控制裂缝在高度方向进一步延伸。对于堵老缝压新缝重复压裂挖潜改造井，端部脱砂技术是一项必要的配套技术。

五、压裂工艺优化

在压裂设计及施工时，如何最大限度地利用矿场常见资料进行科学分析、科学设计及科学施工，以达到经济、合理和高效地开发油气田的目的，是压裂设计和油田开发人员所关心的首要问题。但由于油田地质情况的复杂多变，兼之后续的采油、注水及各种作业措施的进行，使压裂设计面临的问题更加复杂和捉摸不定。因此，如单靠理论上的模型计算进行决策评价，难免会失之偏颇。这里必须依靠相当强的现场经验，并综合可以利用的一切现场资料，进行精细分析评价，方能从总体上使压裂效果达到最优。

1. 压裂的选井选层

压裂水平的高低不但体现在工艺参数指标的高低上，也体现在能否正确地分析评价压前储层的现状并对症下药，使工艺设计参数与储层达到最佳匹配。因此，压裂的选井选层至关重要。选井选层的原则为：改善注水剖面，缓解层间矛盾；改善油藏中流场的分布形态，提高注水波及系数；提高采油速度和经济开采价值。从地质和工程的角度看，主要有以下几点。

1）地层及其韵律特征

其主要从沉积相及沉积微相来分析。结合物源的方向，从宏观上掌握砂体在平面上的岩性、物性分布情况。如裂缝走向与砂体岩性及物性变好的方向一致，对压裂的效果就非常有利，此时，可根据储层的有效渗透率大小定性确定施工规模的大小。如为砂体分布不连续的透镜状储层，可通过长缝连成一体获得理想的增产效果。

其次，小层在纵向上的分布特点及岩性、物性差异也须值得关注。如小层纵向上分布集中，岩性、物性差异较小，就可作为整体压裂对象。当然，还应结合产层剖面或分层测试资料再最终定夺。

另外，地层沉积的韵律特征也同样值得关注。一般而言，反韵律储层对压裂较为有利，而正韵律或复合韵律油层就不太适合。但如见到注水，其效果韵律油层没有非韵律油层理想。

2）储层的流动系数

一般而言，储层渗透率沿垂直裂缝方向相对较小，这对充分发挥压裂的增产效果不太有利。流动系数太小则储层向裂缝供油气能力不足，不论裂缝导流能力多高，也难以有理想的效果。对一定的流动系数而言，则选渗透率较低而有效厚度相对较大的井层为压裂对象。

3）产出少、含水低的潜力层（剩余油分布集中区）

4）物质基础与能量基础

压裂要经济有效，首先必须有物质前提，也就是剩余可采储量的多少。能量基础就是目前储层压力系数的高低。矿场经验表明，压力系数过高或过低都难以获得理想的增产效果。一般而言，压力系数以0.7～1.3为好。

5）地下流体性质

一般而言，如地下流体黏度较低，油质较轻，油气比相对较低，则压裂易于取得理想效果。反之，压裂效果较差。

6）相渗曲线类型

一般而言，两相共流区狭窄，油相曲线陡直下降的，压裂效果不好。

7）邻井的生产情况

一般而言，在一个井间范围内，储层的岩性、物性变化不是很大。因此，如邻井的生产情况很好而唯独本井不甚理想，则可考虑是否应当进行水力压裂了。

8）低产原因或储层伤害类型的判断

由于钻井、压裂、酸化或其他一些作业措施会给井底附近储层造成一定程度的伤害。找出伤害的真正原因对于正确决策有至关重要的影响。

2. 压裂的优化设计原则

总的原则是少投入，多产出，并且有利于该井后期的长远开发调整，即要有利于提高面积波及系数和改善产油吸水剖面、缓解层间矛盾及有效遏制含水上升势头的总体目标。具体有以下几种情况：

(1)如是二次采油期的老井重复压裂，应着重以提高面积波及系数和提高经济净现值为目标。

(2)如压裂目的层距高含水层较近，最好用全三维水力压裂模型进行设计计算，使支撑裂缝在某一排量和施工规模上既不能沟通高含水层，又能最大限度地提高增产效果。

(3)如储层在平面上连通率较低，注水难见效果，此时可按一次采油期进行压裂设计，以提高其采出程度。

(4)如储层在平面上连通率较低，注水难见效果，此时，可以以提高缝长为主要目标，以沟通不同砂体间的连通性，提高增产效果。

(5)如是气井压裂，则应以提高缝长和减少压裂液对储层的伤害为主要目标。

(6)如是探井压裂，因资料较少，可对比类似岩性、物性区块上的压裂经验，并进行输入参数的敏感性分析，对敏感性小的参数可少费精力求取，而把主要精力放在敏感性较大的参数的求取上。此时，一般以增产倍数为最终的目标函数。

(7)如地层较软或渗透性较高或地层出砂严重，则需采取端部脱砂压裂技术。

(8)如储层存在天然裂缝，则应根据其分布密度和分布区域采取相应的措施。如裂缝能沟通天然裂缝，在某种情况下会取得较好的压裂效果。

(9)如原有压裂材料与地层匹配性差，应评价优选新的压裂材料。

以上只是论述了一些具体情况的设计思路。通常情况下都以一两个指标为目标函数。也可将模糊决策的思想引入压裂设计，此时，压裂的优化变为多目标函数的优选，从而使压裂从总体上达到更优效果。

3. 压裂设计参数的确认

压裂设计参数的正确与否对压裂方案的评价优选影响甚大。下边对几个关键参数的求取作一研讨。

1)有效渗透率

有效渗透率影响无量纲裂缝导流能力、压后产能、压裂液的滤失和返排。确认方法有油藏历史拟合、不稳定试井或 DST 资料、现场资料分析法。

2)目前地层压力

地层压力过高或过低都不能取得理想的增产效果，借鉴方法有物质平衡法、现场测压、不稳定试井或 DST 资料。

3)剩余可采储量

剩余可采储量是压裂的物质基础。评价方法主要有物质平衡法、灰色系统理论预测法。

4)储层综合滤失系数

综合滤失系数是评价压裂液性能好坏的重要指标之一,它也严重影响到压裂施工的成效和压裂液的返排率及压后产能的高低。具体评价方法有:小型压裂测试、结合现场资料的理论计算法、压裂施工压力的定性评价。

5)岩石力学参数

岩石力学参数主要包括杨氏模量和泊松比,它们主要影响造缝尺寸,进而影响到压后产能。求取的方法主要有:三轴岩心实验、压裂施工资料结合声波时差计算法、借鉴法。

6)天然裂缝评价

天然裂缝对压裂的效果影响很大。评价方法有压裂施工压力定性评价法、钻井密闭取心法。

4. 压裂工艺参数的优化选择

1)施工排量的选择

可根据先前类似区块或油田的压裂经验,并结合压裂管柱和压裂目的层深度综合分析确定。可先给出一系列排量,然后进行裂缝模拟,得出不同排量所对应的井口泵压和所需功率。最后由压裂井口限压和设备能力确定最大允许的压裂排量。一般而言,在井口承压和设备能力允许的条件下,尽量选用大排量。

2)前置液百分数的确定

其总的原则是既经济又安全。即在保证施工正常进行的前提下,应尽量缩小前置液百分数。最优的前置液百分数应当是在最后一批砂子进入裂缝时,前置液刚好滤失完。但为保险起见,国内一般以支撑半长与造缝半长的比值定为 80 ~ 85 来确定前置液的百分数。

3)平均砂比的确定

它是压裂工艺水平的综合体现。主要应根据先前的压裂经验,并结合储层的特点确定。提高平均砂比绝非易事,它依靠压裂设备能力、施工人员素质和压裂材料等多方面因素的综合提高。在一个油田或区块同样应采用循序渐进的方式提高平均砂液比。

4)加砂程序设计

理想的裂缝支撑剖面应是缝口处最宽,往缝端处逐渐减少。这样的剖面最有利于渗流作用。可用裂缝模拟器反复模拟,合理分配各段液量和砂量。此外,还应根据井深情况及以往施工经验设计第一段砂量和液量。同时,还应考虑到现场的可操作性,即应考虑液罐数量和加砂时间的易于控制等。

5. 结论

上述是对压裂优化设计过程的一些概括性讨论，是国内各油田实践经验的总结。总的说来，要搞好压裂设计，必须做到以下几点：(1)选好井层；(2)掌握好时机；(3)针对性强的工艺设计；(4)优选压裂材料；(5)现场质量控制；(6)配套油藏管理。

上述六个环节必须一一得以强化，否则，再好的设计方案也是纸上谈兵，无济于事。

第六章

低渗透油田采油方式优化决策技术

一般而言，在油田开发初期，油井都具有一定的自喷能力，当油层压力下降时，就要采用其他的人工举升方法来增加油层压力，但是一旦选择了某种采油方式就很难再采用其他方式了，目前国内外广泛使用的采油方式有自喷、有杆泵、电泵、水力泵、螺杆泵和气举等。

对任何一个油田，实施何种采油方式受到很多因素的影响，例如，油藏地质特征、流体性质、开采现状、经济条件、环境条件、采油设备的性能及经济条件等。而各种采油方式都有其各自的工作原理、举升能力和对油井开采条件的适应性。

有杆泵是目前我国陆上油田操作简单方便、使用最广泛的一种采油方式，对于中深井、浅井和低产液量井的投资相对较低，便于自动化管理，但是在大斜度井和含砂井中存在抽油杆严重磨损的问题，也不适合海上平台和城市采油。电潜泵最大的优势是适合大排量、高黏原油、含气、高温井（油水比没有限制），在斜井、弯曲井和定向井中使用不会造成磨损，但需要有经济的电源，改变生产条件也缺乏灵活性，延长油田早期以蒸汽机 + 汲油器进行抽油，20 世纪 50 年代，有了电力供应以后，逐渐采用抽油机 + 抽油杆 + 抽油泵抽油。

通常，采油方式优选主要包括收集资料、油井产能预测分析、生产动态模拟和综合评价分析几个方面的内容。

第一节　采油方式优选

一、收集采油方式选择所需的基础资料

对于一个油田来说，采用何种采油方式取决于这个油田的基础资料数据，首要

的任务是收集那些影响选择采油方式的因素，由此确定选择原则和要求，准备所需要的基础资料。再经归纳总结，初步确定这些基础数据[油层深度(m)、油藏驱动类型(人工水驱、人工气驱、天然水驱、溶解气驱、气顶驱、重力驱)、有效渗透率(D)、油井类别、射开裸眼厚度(mm)、生产套管内径(mm)、井底温度和井口温度、含砂量、完井方式、地面原油相对密度、产出水相对密度、饱和压力、地理位置、天然气相对密度、开采条件等]。

当然，影响因素还有很多，例如，投产井数、预测开发时间、历年开发指标、自动化程度、操作人员业务水平、现有设备条件等，这些都依靠油田的具体情况而定。

二、油井产能预测分析

根据油藏和地质的基础数据，预测油田不同开发阶段各类油井的产液或产油指数及各类油井产能随时空的变化规律，确定油井的单井产能变化规律，为油井生产的模拟研究提供基本数据。目前，广泛采用的方法是修正的广义 IPR 曲线方法，该方法给出了不同含水条件下油井的产液量与井底流压的关系，在方案规划研究中，一般首先以区块的各种平均指标参数构造一口或多口虚拟代表井，并以此井为基础制定出油藏的主体工艺方案，当然也包括主体采油方式的确定。延长油田油藏模拟使用从 1996 年开始，根据目的的不同，主要应用于开发方案优化和剩余油预测，地质模型主要采用克里金插值和三维地质模型，模拟模型主要采用黑油模型。

三、初步确定可供选用的采油方式

根据所给的基础数据和各采油方式的适用条件，初步确定出适合的采油方式。由于各因素影响采油方式选择的程度不同，有时某几项参数会直接决定应采用某一种方法，因此对各采油方式来说，要分清决定性因素和非决定性因素的不同作用效果，在这采用等级权衡方法来综合评价各种采油方式的主要指标(可行性和复杂性)。

可行性(X)指标是用来评价某种采油方式成功应用的可能性，根据可行性评价，可将这类参数分为最好、好、适合、不好、不可行五个等级，相应的等级数值分别为4,3,2,1,0(表6－1)。复杂性是用来表征某种采油方式的复杂性、基建投资费用、钢材耗量等因素(Y)，分为高(3)、中(2)、低(1)三个等级。根据油井具体情况，分别用下式确定不同采油方式的第一类和第二类局部参数的综合值 X 和 Y 及 X 和 Y 的几何平均值 Z。

$$\bar{X} = \sqrt[m]{\prod_{i=1}^{m} x_i} \quad \bar{Y} = \sqrt[n]{\prod_{i=1}^{n} y_i} \quad Z = \sqrt{\bar{X} \cdot \bar{Y}} \tag{6-1}$$

式中 $\bar{X}$——评价某种采油方式可行性的局部综合参数值；

$\bar{Y}$——表征某种采油方式复杂性的局部综合参数值；

x_i,y_i——局部参数的评估值；

m,n——局部参数的总数，根据油田的具体情况确定。

表6－1 采油方式可行性、复杂性参数分级简表

	序号	局部参数	符号	有杆泵	电泵	水力泵	气举
可行性	1	高产量	X_1	2	4	2	4
	2	中等深度井	X_2	1	3	4	4
	3	试井	X_3	3	2	2	4
	4	自动化采油	X_4	2	4	3	3
	5	采油方法效率	X_5	1	3	3	2
	6	高气油比原油	X_6	2	2	2	4
负责性	7	使用可靠性	Y_1	2	3	2	2
	8	设备简便性	Y_3	2	3	2	2
	9	设备机动性	Y_4	1	3	2	2
	10	脱乳能力	Y_5	2	1	2	1
	11	油井设备简易程度	Y_6	1	3	1	1

根据等级综合参数 Z 值的高低选择采油方式。

延长油田具有“油层渗透率低、地层压力低、油井产量低”的特点，油井一般无自喷能力，早期开发的油田举升方式以吊油为主，随着采油工艺的发展，逐步采用抽油机有杆泵采油。

四、初选采油方式的油井生产系统动态模拟

模拟方案是根据油藏地质条件即油藏工程设计的油田开发指标（主要是压力保持水平，不同含水阶段的产能及产量等）进行选定。为了便于对各种采油方式进行综合对比及评价其完成开发指标的技术可行性，在评价过程中利用模拟器得到的结果是油井采用不同采油方式在不同开发阶段可能获得的最大产量及相应的举升设备、操作参数和工况指标。

可应用节点系统分析方法，对各种采油方法（有自喷、有杆泵、电潜泵、水力活塞泵和气举）所组成的整个油井生产系统（包括油层、井筒、举升设备及地面系统）进行模拟、计算，给出不同举升方式的油井生产动态。

延长油田动态分析工作起步较早，可以追溯到1945年在七2井和七3井的油层改造。之后，动态分析工作，主要是通过单一油井产量变化评价油井措施和改造的效果。1971年，青化砭油田固定井组注气实验将动态分析拓展到区域动态分析，分析评价参数由单一的产量数据，增加到原油物性、井网、开采强度、地层压力等参数。此后，动态分析稳步发展，到目前形成了单井、井组、油田（区块）以及专项措施分析等四个层面的动态分析体系，后期逐步将油藏动态分析贯穿单井、井组及区块动态分析之中。动态分析资料的应用由起初的单一油井产量变化，发展到应用油水井动静态资料，分析化验资料、试井资料、油藏数值模拟资料等。分析方法由最初的统计对比法，发展到统计对比法、作图法、物质平衡法、地下流体力学法、类比法、数值模拟法等相互交会的多种研究方法。动态分析工作的进行为油水井措施的效果评价，认识油层中油、气、水运动规律，注水开发油田分析见效、预测见水、方案调整、挖潜研究提供了基本保障。

五、采油方式的综合评价

采油方式综合评价是在油井生产动态模拟器确定不同采油方式及含水阶段的生产技术指标的基础上，综合考虑经济、管理、生产条件等各种因素后对不同的采油方式作出评价。由于评价过程中涉及众多不同层次的模糊因素，因此采用三级模糊评价法。评价中所考虑的各级因素如表6－2所示。

表6－2　采油方式综合评价与决策因素

经济	按月折算投入产出比（吨油采出成本，井月商品总值，井月采出成本——动力、人工、维修、折旧等项费用）
技术	检泵周期、检泵时间、机械效率、产油量、地面设备利用率、设备影响因素（含砂、温度、黏度、含蜡、腐蚀、结垢）、设备配套程度
其他	管理因素（工人技术水平要求、调参难易程度、检泵作业时间单位时间工作量、后勤维修难易程度、现场可接受程度），设备安装条件限制（井身结构、井场条件、安装技术水平等）

六、优化分析

将采油方式综合评价与决策的结果进行比较分析，选定各类油井应用的采油方式，确定其工艺参数和设备类型、规格、数量与性能，设计配套的管柱结构，进行强度校核，编制采油工艺方案。

第二节　提高抽油机井系统效率研究

抽油机井系统效率是指将液体举升到地面的有效做功能量与系统输入能量之比，即抽油机的有效功率与输入功率的比值。

$$\eta = \frac{P_e}{P_i} \tag{6-2}$$

其中，抽油井的有效功率是指将井内液体举升到地面所需要的功率；抽油机的输入功率是指拖动机械采油设备的电动机总的消耗功率。

一、抽油机的输入功率

抽油机的输入功率可由现场测试取得，抽油井的有效功率可由以下公式计算：

$$P_e = \frac{Q \cdot H \cdot g}{86400} \tag{6-3}$$

式中　P_e——有效功率，kW；

Q——油井日产液量，t；

H——有效扬程，m；

g——重力加速度，$g=9.8\mathrm{m/s^2}$。

其中有效扬程：

$$H = H_d + \frac{(p_o - p_t) \times 102}{\rho} \tag{6-4}$$

式中　H_d——油井动液面深度，m；

p_o——井口油压，MPa；

p_t——井口套压，MPa；

ρ——油管内液体密度，kg/L。

二、电动机输入功率

抽油机的电动机输入功率由电动机动力电线接入处测得，目前电动机输入功率主要有以下三种测量方法：

(1)通过电力分析仪测试，这是目前部标规定的标准测试方法，能准确测量即时功率、平均功率、功率因数等多项指标。

(2)通过有功电度表测得固定时间的电功数，除以时间得到平均功率。

(3)通过电流表测得电流值后算出功率,由于这种方法误差较大,只能作估算用。这是目前采油队普遍使用的估算电动机输入功率的方法。

系统效率的分解:系统效率分为地面效率和井下效率(表6-3),以光杆悬绳器为界,可表示为:

$$\eta = \eta_{地面} \times \eta_{井下} \tag{6-5}$$

式中 $\eta_{地面}$——抽油系统的地面效率;

$\eta_{井下}$——抽油系统的井下效率。

表6-3 系统效率的分解

系统效率	地面效率	电动机效率
		皮带减速箱效率
		四连杆机构效率
	井下效率	密封盒效率
		抽油杆效率
		抽油泵效率
		井下管柱效率

三、地面效率

1. 电动机效率

指电动机轴输出功率与电动机输入功率比值。普通电动机主要功率损失包括:铜损、铁损、通风系统及轴承摩擦损耗。

我国各油田抽油机上多用Y系列电动机,其常用电动机额定效率见表6-4。

表6-4 我国常用电动机额定效率

电动机极数	6						8				
额定功率(kW)	15	22	30	37	45	55	15	22	30	37	45
额定效率(%)	89.5	90.2	90.2	90.8	92	92	88	90	90.5	91	92

由于受抽油机系统载荷的不均衡特性及负载率不高等影响,电动机效率无法达到额定值,多数电动机效率在65%~80%,其最好情况可达85%。

2. 皮带传动效率

查相关机械手册,常用皮带传动副效率见表6-5。目前抽油机上常用绳芯V带与窄V带,故最大传动效率可达96%。

表6-5　常用皮带传动副效率

型　　号	平带		V带		窄V	多楔	同步
	普通	有张紧轮	帘布	绳芯			
传动效率(%)	83~98	80~95	87~92	92~96	90~95	92~97	93~98

3. 减速箱效率

查相关机械手册,齿轮传动副效率一般为98%,轴承效率一般为99%。抽油机一般是二级齿轮传动,有两对齿轮和三对轴承,故一般减速箱效率为93%。

4. 四连杆效率

四连杆机构的功率损失主要来自轴承摩擦与驴头钢丝绳变形,也受到因不同冲程影响游梁与连杆传递角度的不同时力的分解损失,因此是个变量。抽油机四连杆机构有三副轴承和一副钢丝绳,钢丝绳的传动效率为98%,故抽油机四连杆机构的传动效率为88%~95%。

由上述分析可见,最大地面效率$\eta_s=85\%\times96\%\times93\%\times95\%=72\%$。

5. 电动机运行效率对系统效率的影响

我国各油田抽油机上电动机额定效率在89%~92%,但在实际应用中,以下因素会导致电动机工作效率的下降:

(1)抽油系统负载的周期变化与振动,尤其在平衡不好时,电动机工作在发电状态下的时间较长,会大大降低电动机的效率。

(2)额定功率相对系统消耗偏大,即通常所讲的“大马拉小车”现象。当电动机输出功率/额定功率大于60%时,电动机损失功率=输出功率×(1-额定效率)/额定效率,随后电动机损失功率会随(输出功率/额定功率)值下降迅速增加。

(3)电动机严重老化,电动机效率低,网损、铜损严重,无功损耗大。电动机负载率低,功率因数小,仅为0.5左右。

抽油机普遍存在的抽取能力大于油井实际负荷等问题,造成电动机负载低、无功功率大、功率因数低等现象。而功率因数低,线路损耗增加,相对降低了供电线路的负荷能力,降低了供电设备的利用程度。

分析原因:功率因数低使电动机的无功功率与有功功率比值增加,无功功率是指电动机电磁激励感应,所产生的感应电动势向电网输电。实际上这部分无功功率的电能在电网中反复输送,而且并未被电动机消耗,这便增加了线路损耗;其次是功率因数低会导致电动机的效率降低,一般功率因数在低于0.5时可导致电动机效率降低5%~7%,这是一项较大的浪费。

对电动机效率低井,主要采取以下技术措施:

(1)电动机功率利用率低于25%的油井,如果泵的充满系数低于0.4,而且目前电动机采用的三角形接法,建议采取角星转换的方式实现节能。

(2)更换小功率电动机。

(3)更换节能电动机。

(4)推广电动机多功能节能控制柜。采用抽油机多功能节能控制柜可以有效地节能降耗,减少抽油机空抽空捞现象增加有效行程,节约电能,同时也减少抽油设备的维护费用。

(5)对三低油井负荷轻的井安装减速装置,同时将电动机由角形接法改成星形接法。

6. 抽油机平衡对系统效率的影响

抽油机平衡状况的好坏,直接影响抽油机连杆、减速箱和电动机的效率与寿命,对抽油机的工作状况亦影响很大。抽油系统负载的周期变化与振动,尤其在平衡不好时,抽油机带动电动机做功,使电动机处于发电状态的时间较长,会大大降低电动机的效率。

目前有三个原则判断抽油机平衡度:

(1)上下冲程最大电流比值($I_{下}/I_{上}$)在0.8~1.0之间。

(2)上下冲程平均功率比值($P_{下}/P_{上}$)在0.8~1.0之间。

(3)上下冲程平均扭矩比值($M_{下}/M_{上}$)在0.8~1.0之间。

这三个原则在理论上判断抽油机的平衡度都是合理的。

目前在我厂,现场上都是采用测量上下冲程电流的方法来检查抽油机的平衡情况。这种方法判断抽油机的平衡在某些情况下存在较大的误差。后两个原则都能较准确判断抽油机平衡。

1)扭矩法判断抽油机平衡

抽油机平衡的调整,对电动机的运行效率影响非常重要。从曲柄输出扭矩图上可以看出,曲柄平衡扭矩在一个周期内的代数和为零,表示曲柄的做功和为零,也就是说曲柄与平衡块并不消耗系统能耗,它对系统能耗的影响体现在对曲柄净扭矩在负值区工作时间与大小的影响。因为电动机在负扭矩时工作,其损耗会远远大于正扭矩的时候。

调整平衡的目的是尽量使油井上下冲程中电动机的平均负载趋于相近,才能最大限度地减少电动机工作在负扭矩状态,反映在电流上应该是上下冲程中平均电流,而不是峰值电流,反映在曲柄输出扭矩上就是上下冲程中的平均扭矩。正确的做法之一是利用上下冲程的平均扭矩来校验平衡。所以平衡度应定义为下、上冲程的平均扭矩之比,其值越接近100%,表示平衡越好。可以根据机型、载荷计算各抽油井精确的曲柄平衡位置。

2)功率法判断抽油机平衡

采取功率法测试判断抽油机平衡,现场上使用仪器就可以直接测出功率曲线判断出抽油机的平衡率。

$$P = \sqrt{3} \times U \times I \times \cos\phi \tag{6-6}$$

式中　P——电动机功率。

通过 DDY-1 功率测试仪测量抽油机平衡比(平衡比采用功率法测定)。为了检验电动机功率法判断抽油机平衡的准确性。表 6-6 是两口井实测分析的结果。

表 6-6　两口井测量数据判断抽油机平衡

井号	阶段	电流法				功率法	
		下冲程最大电流(A)	上冲程最大电流(A)	平衡率(%)	平衡状况	平衡率(%)	平衡状况
井 1	调前	6.8	7.7	88.3	好	46	差
	调后	6.2	6.8	91.2	好	96	好
井 2	调前	5.8	7.2	80.5	好	62	差
	调后	5.4	6.5	83.1	好	99	好

从表 6-6 可以看出,调整前采用电流法判断抽油机是平衡的,平衡率大于 80%;而采用电动机功率法测得的平衡率都小于 80%。根据电动机功率法测得的不平衡状况,对抽油机平衡进行调整。调整后采用电流法、电动机功率法判断抽油机都是平衡的。

这两口井调整前后的测试对比结果见表 6-7。

表 6-7　两种方法耗电量对比

井号	阶段	日产液(t)	有效举升高度(m)	电动机输入功率(kW)	吨液百米耗电(kW·h)	机采系统效率(%)	耗电量(kW·h)
DF5-4	调前	2.1	440	1.65	9	6.5	14454
	调后	2.7	432	1.438	6.3	9.4	12596.88
	对比	0.6	-8	-0.212	-2.7	5.4	-1857.12
DG4-5	调前	1.4	493	2.363	11.5	3.4	20699.88
	调后	1.4	486	2.13	7.5	3.7	18658.8
	对比	0	-7	-0.233	-4	0.3	-2041.08
平均	调前	1.8	466.5	2.0	10.3	4.9	17576.9
	调后	2.1	459.0	1.8	6.9	6.5	15627.8
	对比	0.3	-7.5	-0.2	-3.4	1.6	-1949.1

从表6-7可以看出,抽油机在平衡条件下达到了节能降耗的目的,使油井的系统效率也得到提高。

电流法与电动机功率法不一致的原因:电流法判断平衡不准确主要是由于电流表测出的电流是有功电流与无功电流的向量和,而判断平衡时应取电流的有功部分,因此,即使上下冲程的电流基本一致,也不能完全反映上下冲程的平衡问题。另外,电表法观察的是电流的瞬时值,而且在一个冲程内变化较大,也很难代表一个冲程的实际数值。而测试功率时可以测试一个冲程的功率曲线,利用上下冲程的平均功率(计算有功功率平均值)比值判断抽油机平衡,这是比较准确的。

抽油机在平衡状况下,不但节省大量电量,而且机采系统效率得到较大的提高,同时也使抽油机能够平稳工作,使抽油机达到最佳的工作状态。调整抽油机平衡是一项日常管理工作,要根据油井的工作参数以及生产动态变化而变化,例如,在洗井前后、措施前后、产量变化比较大时期必须要对抽油机平衡及时调整,以实现节能。

7. 地面设备状况

(1)大部分是常规游梁抽油机,载荷波动系数和悬点加速度大。

(2)机型匹配不合理,部分机型配备偏大。

抽油机匹配不合理,影响了油井产能和系统效率的提高,使抽油井出现超载或欠载的现象。

(3)部分抽油机的零部件老化严重、磨损严重,减速箱漏油严重,影响了地面传动效率。

抽油机已使用多年,减速箱漏油严重,在保养不及时的情况下,这很大程度上减少了减速箱轴承与齿轮的使用寿命,影响了抽油机的正常运转,影响了减速箱的传动效率。

(4)光杆与驴头、井口之间的磨、卡、别的现象都不同程度地存在,能量损失大,影响地面效率的提高。

针对因地面设备状况影响地面效率的情况,主要采取以下措施:

(1)使用节能抽油机。

(2)匹配合理的机型。

(3)对减速箱漏油使用软金属密封圈或机械密封圈。

(4)加强抽油井地面设备管理工作。

8. 地面工作制度不合理

目前存在小冲程大冲数组合的工作制度的油井,冲数过大一是使地面设备传递效率变差;二是容易使杆柱发生振动弯曲,造成杆柱与油管内壁的摩擦机会增多，加速杆管偏磨降低了杆管的使用寿命，而且杆柱发生弯曲之后，也增多了杆柱脱扣的机会；三是杆柱改变方向的次数太多，容易发生弹性疲劳，缩短了抽油杆的使用寿命；四是使冲程损失次数增加。因此小冲程大冲数组合使地面系统效率与井筒效率降低，使油井的系统效率大幅度降低。

延长油田在1952年采纳了苏联专家莫谢耶夫建议，在七里村油田七15井进行间歇抽油试验。1953年增加了抽油井数，扩大试验，发现油井无减产现象，且动力节省90%。1954年，开始推广应用。

1987年，子长油田采用回声仪测试动液面变化情况，确定间歇周期。1994年起，甘谷驿油田依靠人工拉闸控制抽油机间歇抽油。1997年引进变压器集中控制箱，安装自动重合器，实现变电站定时送电，达到自控限时间歇抽油。

1998年初，七里村油田提出“有序泵油”，建立“六定”制度（定人、定车、定井、定时、定量、定路线），实施派车单泵油。在1999年下半年油井大普查的基础上，逐步推行以“有效泵油、间歇抽油、准确计量”为主要内容的有序采油管理方法。2000年，该油田间歇抽油井达到600口，实行12h间歇抽油。2002年，提出“有序采油”（油井计量、有序泵油和间歇抽油三项）并推广。2003年底，间歇抽油井达到2200口。2007年安装变压器远程遥控控制箱，对电网实现网络控制，使间歇抽油进入程序控制阶段。同时建立有序采油分项工作流程，开展封闭式测产和压力差计量试验，强化油井计量，优化采油参数，形成“三高三低”（产量高、设备利用率高、油井利用率高；劳动强度降低、生产成本降低、事故发生率降低），获得较好的经济效益和社会效益。至2008年底，间歇抽油井约占抽油井开井总数的80%。

四、井下效率

井下效率可定义为提升液体有用功与光杆功率之比。由于井下各部件在工作中的功率损失无法用仪器准确测得，故通过示功图计算光杆功率及载荷分析。

光杆功率计算公式：

$$P_{光} = \frac{A \cdot S_D \cdot f_d \cdot n_{实}}{6000} \tag{6-7}$$

式中　$P_{光}$——抽油机光杆功率，kW；

A——示功图的面积，mm^2；

S_d——示功图减程比，m/mm；

f_d——示功图力比，N/mm；

$n_{实}$——光杆实测平均冲速，r/min。

1. 机采参数选择对系统效率的影响

机采参数的选择是在满足设备的工作能力和油井配产要求的前提下，合理地选择油井抽汲参数,即泵径、泵挂、冲程、冲次及杆柱组合。

工作制度的优化:一方面是确定合理的工作制度,包括理论排量的确定,并从提高机采效率和延长免修期入手进行系统的优化;另一方面就是在深井泵理论排量相同的情况下,进行抽汲参数的优化组合,使之达到提高系统效率的目的。

通常情况认为:抽油井的工作制度要采取长冲程、慢冲数和适当的泵径。但是通过研究认为:采取最长冲程时系统效率不一定最高。首先,在冲程上随着冲程的增大,四连杆效率逐渐降低,但冲程减小要保持理论排量不变,冲数必然要提高。其次,冲数的提高又使冲程损失的次数增多。因此,在系统效率上随着机型、井况、载荷、抽汲液体的不同,其系统效率的高点必有一个最佳的组合对应,这就是要解决的关键问题所在。

应用泵径、冲程、冲数的优化的数学模型对抽油参数进行优化。优化的过程中考虑如下因素:

(1)减速箱一个冲程周期内平均输出扭矩和减速箱输出轴角速度的乘积最低为目标函数。

(2)上述变量的变化对四连杆系统效率的影响,对抽油机内应力的影响。

(3)抽油杆柱的振动载荷、惯性载荷、摩擦载荷的影响。

(4)上述变量的变化对井下冲程的影响。

通过计算的井下示功图和地面示功图对比分析,对所用计算参数进行修正。

对相同理论排量下的工作制度进行了优化。

2. 泵效对系统效率的影响

对于具备足够的产液能力却泵效低下的油井,提高泵效也是加大有用功、提高系统效率的有效途径。

如不考虑泵漏失的影响,泵效的理论计算采用如下公式:

$$\eta_{泵} = \frac{S - \lambda_{杆}}{S} \cdot \frac{1}{1 + V_{气}} \cdot K_{v}$$

式中 $\lambda_{杆}$——杆柱冲程损失,m;

$V_{气}$——随1m^3的液体进入泵内的气量;

K_{v}——进泵液体流动系数。

所以应采取下面措施提高泵效:(1)使用长冲程,减少冲程损失对泵效的影响;(2)合理选择沉没度,尽量减少进泵自由气;(3)进泵液体流动系数受原油黏度、含水、泵阀尺寸、沉没压力、冲次等多种因素综合影响,加大泵径降低冲次,是增大进泵液体通道、降低流速、增加有用功最简便有效的方法。

3. 抽油杆

抽油杆传动效率低,主要表现在以下两方面:

(1)对中率差,由于大安项目部已开发多年,抽油设备陈旧,多年来由于基础下沉、井口歪斜、稳抽时标准不高导致不对中井数较多。不对中井,一方面导致油井密封圈经常漏油,增加管理难度,甚至出现密封圈跑油现象;另一方面增加了密封圈摩擦力,浪费了光杆功率,降低了井下效率。偏大造成抽油杆摩阻增大。

(2)密封圈过紧,抽油杆及油管弯曲度偏大造成抽油杆摩阻增大。对这部分机井要加强管理,同时做好抽油机的调整和井口的改校工作。

五、提高抽油机井系统效率方法

(1)生产参数优化调整。

参数优化的原则要以保证产液量不降为前提,以效率最高、能耗最低为目标,应使用相应软件进行参数优化。

①优化抽油机冲程冲次:对于低液、低能、低效及参数与产液不匹配的抽油机井,以"长冲程低冲次"的原则进行参数运行管理,提高充满系数。

②优化抽油机泵径:对于严重供液不足的油井,可以通过加深泵挂、调小泵径来降低悬点载荷,增加产液量,提高机采系统效率。

③优化沉没度:由于部分油井沉没度不合理造成有效扬程及上下行程悬点载荷增加,井下效率较低。通过上提或加深泵挂,优化沉没度,提高井下效率。

④优化生产参数匹配:生产参数匹配不合理(如小冲程、高冲次或浅泵挂、小泵径、高冲次等),造成能耗增加、效率下降。

(2)加强及时检泵、换泵措施。

对抽油机泵效系数小于20%的井,经常进行分析对比,一旦发现非正常漏失严重就及时检泵或换泵。功图液面应按规定测全、测准。

(3)提高抽油机整体管理水平。

①提高抽油机平衡度,电动机电流应测全、测准。

②优化动力匹配。

③皮带松紧适度,保持四点一线对中率。

④变速箱润滑、四连杆润滑紧固。

⑤悬绳器三点一线对中、使用旋转悬绳器。

⑥井口对中、密封圈松紧适度。

(4)积极推广应用节能新设备技术,如永磁同步电动机、双驴头节能抽油机和节能配电柜。

(5)优化低能低效井间开制度,以提高泵效、节约电能。

(6)做好清防蜡和降黏工作,降低悬点载荷,延长检泵周期。应用合理配置的尼龙扶正器可以减小偏磨影响。

第七章

物理法采油技术

物理法增产技术就是利用各种物理学理论和技术,改善储层渗透性和流体在储层中的渗流能力,增加油井产量,提高原油采收率。物理法增产技术具有适应性强、工艺简单、成本低、增产效果明显、无污染以及与“化学驱”优势互补等特点,受到国内外油田的广泛重视。

虽然物理法处理油层技术的研究起步较晚,但其发展却十分迅速,已经成为油气田开发技术领域的一个重要分支。近年来,国内外关于物理法处理油层增产技术的研究和应用进展很快,已经在理论和实践中取得了很多研究成果,形成了系列的配套设备和工艺技术,如波场处理油层技术、电场处理油层技术、热场处理油层技术、磁场增产技术、高能气体压裂技术、高能水旋转射流技术、油层水力割缝技术、水力喷射穿孔技术及深穿透复合射孔技术等,使物理法增产技术日趋成熟。延长油田历经了一百多年的发展,其开发方式主要有天然能量开发和保持压力开发。利用天然能量开发是延长油田早期采用的一种开发方式,而保持压力开采是用人工向油气层内注水、注气或注其他流体,以向油气层输入外来能量保持油层压力,随着提高采收率技术的不断进步,注气开发、表面活性剂驱油、微生物驱油等开采方法也在油气区的局部区块开展试验。

第一节 井下低频电脉冲处理油层技术

井下低频电脉冲处理油层技术也称为电液压冲击法或电爆处理油层技术。该技术是将一对电极置于井中油气层部位,配以相应的工作介质,产生电弧放电,在地层中造成定向传播的压力脉冲。反复放电可在近井地带形成裂缝网络,改善地层渗透性,从而增加油气井产量。

一、电脉冲对油层作用的效应

井下低频电脉冲采油技术的物理实质是高压击穿充满井内的局部介质，在容积很小的通道内迅速释放出大量能量。在液体中脉冲放电具有很高的能量密度，实际上是一种爆炸。电爆能够产生大密度的高压等离子体、强大的冲击波、脉动的蒸气瓦斯混合气体和脉冲电磁场。

在井下放电过程中，电爆炸会在两极间形成一个等离子区，产生冲击波并释放出大量的热，因此地层同时受到高温和连续强脉冲的共同作用。当冲击波以 10^{-6}s 的持续时间通过处理场时，在岩石中形成受力状态复杂的微裂缝网，这是由于当一系列脉冲作用于岩石时，在弹性变形或塑性变形的初始阶段岩石的极限强度增大，而在结构破坏阶段产生破坏应力，在岩石中形成裂缝。在周期性强脉冲放电的不断作用下，还可将井筒内、射孔孔眼中及地层内的无机沉淀物、胶质及机械杂质堵塞物破坏、振落和移动，当等离子区达到最大时，空化作用不断产生。

空化现象是低频电脉冲处理油层技术的重要作用之一，空化作用产生的二次压力波的辐射作用，使地层内的压力高于井筒内的压力，形成较大压力梯度，迫使近井区域内被冲散的污染物质反吐到井筒内，从而可解除近井区域的地层污染，改善近井地层的渗透性。

低频电脉冲处理油层还可在一定程度上改变地层中束缚电荷的分布引起地层电性变化。这种电性变化以及油水两种介质对地层电性改变的反应差异，使这种技术不仅可以增产，在一定程度上还可以控制含水率。

二、电脉冲对地层的适应性

电脉冲对地层的处理具有选择性。处理脆性致密岩石效果好，如灰质白云岩；处理塑性岩石的效果差；对于纵向非均质地层，处理效果最好的是低渗透、致密性地层。

用电脉冲处理石灰岩或灰质白云岩时，可与液体酸酸化配合进行，以便在酸的作用下，在岩石内形成通道，进而改善地层的渗透性。

井下低频电脉冲波具有强度大、能耗低、能量利用率高、频率低、有效作用半径大等优点，其不足之处是目前所用大多数井下放电仪的耐温性差，不适用于高温井。

2006 年，延长油田引进电爆震解堵技术，在七里村油田延 55－2 井和延 55－7 井进行试验。通过对措施井的测井曲线、周边井产状等各类动静态资料进行综合分析会诊，了解油井减产原因，确定平均单井电磁脉冲作业次数 900 次，施工前后进行洗井作业，保证电爆震作业后井筒内杂质返排。作业后延 55－2 井日产油量由0.30t增至0.70t,延55－7井日产油量由0.40t增至0.50t,当年两口井累计增产20t。该技术主要在七里村、定边、西区等油田应用,至2008年底,共计实施162井次,单井平均增油1.1t/d,累计增产4832.50t。

第二节　井下超声波增产技术

随着三次采油技术的发展,超声波技术在油田开发中日益受到重视。利用超声波技术开发低渗透油藏,不仅能增产,而且能提高采收率。早在20世纪50—60年代,美、苏就开始了超声波处理油层的研究工作。许多资料表明,超声波处理油层有良好的效果。超声波井底处理技术是利用超声波的振动、空化作用和热作用等作用于油层,解除近井地带的污染和堵塞,以达到增注增产目的的工艺措施。

超声波处理油层系统如图7－1所示。它是以电提供能源,由地面声波发生机产生脉冲波、超声波和电功率振荡信号,经过电缆传输给井下大功率发射型换能器,换能器将交变电功率信号转换成机械振动能——声波,经流体介质耦合后进入地层,从而达到解除污染、堵塞、提高近井地带渗透性的目的。

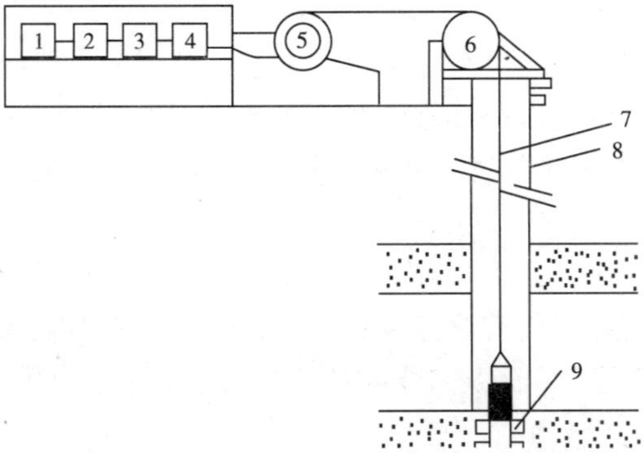

图7－1　超声波处理油层系统示意图

1—三相四线交流电源;2—声波发生机电源;3—声波发生机;4—输出监测脉冲波形、电压;5—电缆绞车;6—井口滑轮;7—电缆;8—套管;9—换能器

一、超声波的作用

超声波的作用主要体现在机械振动作用、空化作用和热作用三个方面。

1.机械振动作用

机械振动作用是指地层弹性介质微粒机械振动的传播。在传播过程中,粒子的振幅、速度及加速度发生显著的变化,从而产生松动、边界摩擦、微裂缝、解聚等。

2. 空化作用

空化作用是指在振动脉动的作用下，液体中气泡成长和崩溃的过程以及伴随发生的一系列现象。地层在振动中孔隙通道的周期性胀缩使大的气泡经过一系列破灭后分裂成新的小气泡。这种空化作用一方面可以减小气阻；另一方面在气核崩溃间形成的激波，又可以促进裂缝的产生和局部温度的上升。

3. 热作用

超声波在传播介质内部的吸收、在不同介质的分界处的摩擦及空化作用在气泡崩裂时释放大量的热量，是热作用能量的三种主要来源。

上述超声波的三种作用不是孤立的，而是互相交织在一起并存的。不同的振源强度及频率，三种作用的比例也不同。

2005 年，引进双振源复合解堵工艺，至 2008 年底，在吴旗油田开采侏罗系油井施工 17 井次，日增油 56t；对开采三叠系油井施工 13 井次，日增油 8t，后该工艺主要应用在注水增注方面，有效率达 100%。

二、超声波对油层作用的效应

1. 解除地层堵塞

流体流经孔道时，由于其黏滞性，会在孔道中形成附面层，附面层的存在对储层毛细管孔隙的有效半径影响很大，将使毛细管流动半径减小，渗流量降低，若油层流体内含有的细小固体物质吸附在附面层上，就可造成油层的堵塞。由于超声波具有极强的穿透能力，可穿透附面层，并引起油层的固体介质和液体介质的非同相振动，从而破坏、剥落附面层，使“黏着”的颗粒脱落。

当超声波的强度和频率达到一定值时将产生空化现象，在地层的裂缝或孔隙表面发生重复空化爆发，这些爆发所引起的瞬时压力，也可将黏附在孔隙或裂缝表面的颗粒炸掉，被流动着的流体迅速带走，达到油层解堵的目的。

超声波在油层内的空化作用还可消除气阻现象。这是由于空化作用是以油层内的气核为对象，气核在拉伸期膨胀而具有一定的速度，并靠着惯性达到最大值，在压缩期间迅速减小，直至崩溃，从而消除气阻。

2. 使油层产生微裂缝

石油、岩石和水的声阻抗是不同的，当超声波在饱和石油和水的地层内传播时，不同介质内的声波之间发生耦合作用，在自由界面或两种介质的交界处产生新波，这种新波本身之间或新波与母波之间产生干涉作用，形成应力集中的现象，称为会聚效应。会聚效应造成不连续的应力分布，可在岩石抗拉强度较小处形成微裂缝而不破坏整个岩层的结构。

3. 提高油层的渗透率

油层未受声波扰动时,其内部处于压力平衡状态。当受到超声波作用时,其内部会产生一些直流定向力,其中最主要的是径向声辐射压力和伯努利力。直流定向力的产生破坏了油层原有的压力平衡,使毛细管半径发生时大时小的变化。这就使原来毛细管力和重力的平衡关系被打破,束缚在毛细管中的残余油就会在重力与声波的振动作用下流入井内。宏观上表现为油层渗透率提高,产量增加。

4. 降低原油的黏度

(1)解聚降黏。所谓解聚作用,是针对高分子化合物的原油在高频高强度的超声波作用下做强迫机械振动,使分子具有较大的加速度,形成分子间的相对运动,在分子的惯性作用下,高分子化合物的分子键断裂,大分子被粉碎,尤其在空化作用下,这种解聚作用更为明显,结果致使原油黏度降低,提高了原油在地层中的流动速度,有利于提高油井产量。

(2)热降黏。超声波热作用的结果使原油的温度升高,黏度降低,流动阻力减小,在一定地层压力下的产量提高。超声波的穿透能力强、施工井反应迅速、见效快,但其频率高(大于20kHz),能量在地层中衰减快,有效作用范围小,一般只能解除井壁或井底附近的堵塞。

2006年8月,在西区油田寨90－1井首次实施大功率超声波振动采油,日产油由4.50t增至10t,累计增油80t,先后施工230井次,有效率84.5%,平均单井增油65t,累计增油1.26×10^4t。后在其他油田大量应用,超声波振动解堵在延长油气区裸眼井应用效果较好。

第三节　水力振荡解堵技术

水力振荡解堵技术是利用液体流过井下振荡器时产生的周期剧烈振动,在井底产生水力脉冲波,并直接作用于地层,以解除井底污染,恢复近井地带地层渗透率,达到油、水井增产增注的目的。

一、水力振荡器的工作原理及频率选择

水力振荡器的种类不同,其工作原理也不同。现介绍目前国内常用的赫姆霍尔兹(Helmholtz)腔形水力振荡器的工作原理及频率选择(图7－2)。

1. 工作原理

水力振荡器的振荡作用是在赫姆霍尔兹空腔内发生的,如图7－2所示。当一

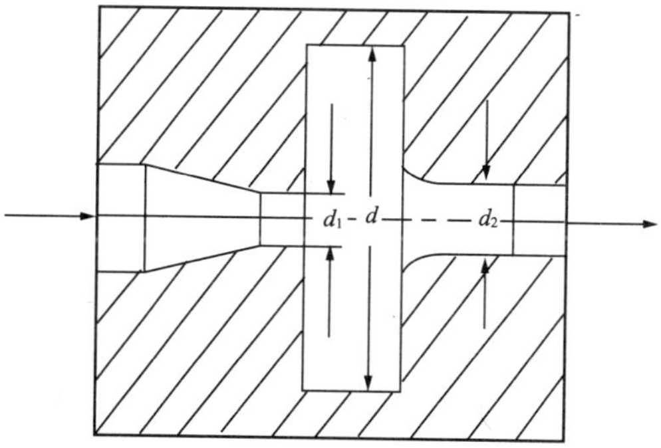

图 7－2　赫姆霍尔兹腔形结构示意图

股稳定的连续高压水射流由喷嘴 d_1 射入，穿过一轴对称腔室，经喷嘴 d_2 喷出时，由于腔室内径 d 比射流直径大得多，因此，腔内流体流动速度远小于中央射流速度，在射流与腔内流体的交界面上存在剧烈的剪切运动。如果是理想流体，则在交界面上速度不连续，存在速度间断面。而对于实际流体由于黏性的存在，交界面两侧的流体必然会产生质量交换与能量交换，交界面上速度是连续的，但在其附近存在一个速度梯度很大的区域。在此区域内因剪切流动而产生涡流。由于是轴对称的圆孔射流，故涡流线将构成封闭的圆环，涡流以涡环的形式生成和运动。

在剪切层区产生了涡流，射流中心处（剪切内层）的流速会更高，腔室壁面附近（剪切外层）的流速将更低，根据伯努利方程，内层压力降低，外层压力升高，在压差作用下，促使腔室壁面流体向心流动，涡旋将随射流向下游移动。

射流剪切层内的有序轴对称扰动（如涡环等）与喷嘴 d_2 的边缘碰撞时，产生一定频率的压力脉冲，在此区域内引起涡流脉动（这也是一种扰动）。剪切层的内在不稳定性对扰动具有放大作用，但这种放大是有选择性的，仅对一定频率范围内的扰动起放大作用，如扰动频率满足这个范围，则该扰动将在剪切层分离和碰撞区之间的射流剪切层得以放大。经过放大的扰动向下游运动，再次与喷嘴 d_2 的边缘碰撞，又重复上述过程。碰撞产生的扰动逆向传播，实际上是一种信号反馈现象。因此，上述过程构成了一个信号发生、反馈、放大的封闭回路，从而导致剪切层大幅度地振动，甚至波及射流核心，在腔内形成一个脉动压力场。从喷嘴 d_2 喷出的射流的速度、压力均呈周期性变化，从而形成脉动射流。这种流体动力振荡的产生不需加任何外界控制和激励条件，故称自激振荡。

根据流体流过赫姆霍尔兹空腔时产生的周期性压力振荡频率与射流速度、腔体尺寸的关系，可将赫姆霍尔兹腔内的振荡分为两类——流体动力振荡和声谐驻波振荡。

流体动力振荡表现为剪切层自持反馈式振荡，其振荡频率与射流速度近似成正比，而与腔深关系不大；声谐驻波振荡表现为腔室内剪切层中声谐波的强烈耦合作用，即腔室内产生的表现为声波形式的高频压力脉冲信号的反射波与入射波叠加的结果，其振荡频率与速度关系不大，而与腔深近似成正比。

2. 振荡频率的选择

由水力振荡器产生的压力振荡波作用在油层部位，将在油层孔道中传播，由于实际流体具有黏性，流体质点与孔道壁面间存在摩擦阻力，而使压力波的能量逐渐损失。不同频率的压力波，能量损失的速度也不一样，因此，必须选择合适的振荡频率，以处理不同情形的近井地层。

压力波在孔道中的传播，可看做是一元不稳定流动，其连续性方程和运动方程分别为：

$$\frac{\partial p}{\partial t}=\rho_1 c^2\frac{\partial u}{\partial x} \tag{7-1}$$

$$-\frac{\partial p}{\partial x}=\left(\frac{\rho_1\lambda}{2d_{\mathrm{pe}}}\right)u^2+\rho_1\frac{\partial u}{\partial t} \tag{7-2}$$

式中 p——振荡波动压力，Pa；

u——流体在孔道中流动的断面平均流速，m/s；

x——压力波传播距离，m；

t——压力波传播时间，s；

ρ_1——流体密度，kg/m^3；

c——流体中的声速，m/s；

λ——水力摩阻系数；

d_{pe}——当量孔道直径，m。

求解得：

$$c^2\frac{\partial^2 u}{\partial x^2}=\frac{\nu}{d_{\mathrm{pe}}}u\frac{\partial u}{\partial t}+\frac{\partial^2 u}{\partial t^2} \tag{7-3}$$

对于孔隙介质：

$$\lambda=\frac{2\nu\phi}{u}\sqrt{\frac{\phi}{K}} \tag{7-4}$$

式中 ν——液体的运动黏度，m^2/s；

ϕ——岩石孔隙度；

K——岩石渗透率，D。

流体振荡时的流速用 $u=U(x)\exp(j\omega t)$ 的形式表示，则上述的流体波动方程变为：

$$c^2\frac{\mathrm{d}^2U(x)}{\mathrm{d}x^2}=jn\omega U(x)-\omega^2U(x) \tag{7-5}$$

$$n=\frac{2\nu\phi}{d_{pe}}\sqrt{\frac{\phi}{K}} \tag{7-6}$$

$$\omega=2\pi f \tag{7-7}$$

式中　ω——角频率,rad/s。

式(7-5)的边界条件为:$U|_{x=0}=U_0, \left.\frac{du}{dx}\right|_{x=0}=0$。$U_0$ 为孔隙通道入口处压力波的速度振幅。

求解上述线性常微分方程,可得到流速波动幅值 U 随孔道中传播距离 x 的衰减关系。不同频率的振荡波,其衰减程度也不相同。高频下的压力波,其能量衰减很快,渗入地层孔道的距离较短,其优点是能量较集中;当振荡频率较低时,其能量损耗较慢,渗入地层的深度变大,但是其能量不集中,不利于波动对近井地带固有沉积物及堵塞物的清除。基于这种情况,考虑到赫姆霍尔兹腔内剪切层的高频扰动以及中、低渗油层机械杂质堵塞一般发生在近井壁周围,堵塞与污染深度不大的情况,一般的设计频率为4kHz,这种振荡波的有效渗入深度可达10cm左右,再加上射流对井筒壁的冲刷作用,能达到消除近井地层污染的目的。

二、水力振荡工艺

1.工艺原理

该工艺是把水力振荡器对准油层,在地面将液体泵入井下并通过水力振荡器产生高频水力脉冲波。水力脉冲波可在流体内建立起振动场,以强烈的交变压力作用于油层,在油层内产生周期性的张应力和压应力,对岩石孔隙介质产生剪切作用,使岩石孔隙表面的黏土胶结物被振动脱落,解除孔喉堵塞。对于堵塞于近井地层孔道中的机械杂质,在脉冲振荡波的作用下,杂质与孔道壁间的结合力将在疲劳应力下遭受破坏,使其振动脱落,并在洗井过程中被排出井筒,达到解除油层杂质堵塞的目的。当压力波幅度和强度达到或接近岩石破裂压力时,地层近井地带就会形成微裂缝网,在周期性压力作用下,随着波动的深入,逐渐撑开地层深处的裂缝。高频压力波对油层流体的物性和流态也会产生影响,可改变固液界面动态,克服岩石颗粒表面原油的吸附亲和力,使油膜脱落、破坏或改变微孔隙内毛细管力的平衡,克服毛细管力的束缚滞留效应,减小流动阻力。

与此同时,振荡波也会对地层中的原油产生影响。在交变应力作用下,可以改变原油结构,降低其黏度,加快原油向井底流动的速度。此外,振荡波还可提高驱油效率,缩短驱油时间。

2. 工作液的选择

工作液是振动系统的工作介质，它涉及传递振动能量的效率、排除油层堵塞物的难易程度、与地层的配伍性及洗油效果等，一般要求工作液黏度低、密度低，不与地层及地层流体发生沉淀反应，不使地层发生黏土膨胀，不与地层流体乳化并能降低界面张力。目前，现场使用的工作液有清水、注入水、活性水、原油、活性原油和复配工作液等，应根据油层性质及油层流体性质进行选择。

利用赫姆霍尔兹腔的井下水力振荡解堵技术的适应性强、有效率高，但由于受腔体尺寸限制，其振荡频率较高(4kHz)，有效作用半径较小，一般用于解除井底附近的堵塞。

此外，利用赫姆霍尔兹腔或风琴管谐振腔制成的注水嘴，也可起到增注效果。

延长油田属特低渗透岩性油藏，孔隙度、渗透率相对较低，该技术与其他增产措施相比较效果不明显，因此尚未引进。

第四节　高能气体压裂技术

高能气体压裂是一种独特的油气井增产新工艺。它既不同于爆炸压裂，又区别于水力压裂。它亦称爆燃压裂、可控脉冲压裂、热气化学处理或多缝压裂。

20 世纪 70 年代末 80 年代初，美国国家能源部联合了许多高层次的科研机构，进行了大量的室内外试验和机理研究，证实了高能气体压裂在适当的加载速率下能形成多条径向裂缝的事实，获得了径向多裂缝的起裂、延伸、闭合、套管保护及压力脉冲的控制等重要研究成果，并最先成功地研制了井下储存式 p－t 监测仪。但是由于各种原因，这项技术未得到美国主要石油公司的充分重视，只是对一些非主力油气井进行处理，最大施工井深 4268m。这项技术主要被作为战略储备技术对待。

苏联在 20 世纪 60 年代末开始对高能气体压裂技术进行研究，其研究力量主要集中在应用方面，已研制出多种系列的压裂弹产品。这些产品由专门的机构生产，药型、药量、结构及使用条件已形成规范。俄罗斯高能气体压裂年施工规模在 2000 井次以上。与之相对比，水力压裂年施工量则只有 200～300 井次。目前，高能气体压裂的最大施工井深纪录达到 6500m。

我国于 1984 年底由西安石油学院与兵器工业部 204 研究所在陕北延长油矿开始对这项技术进行研究，目前该技术在我国各大油田都得到了不同程度的试验和应用。根据不完全统计，我国累计进行高能气体压裂作业 600 余井次，累计直接

增产原油超过 4×10^4t，最大施工井深达 6020m，最高施工井温为 140℃，并已形成初步的压裂弹产品系列和包括压裂理论、设计方法和软件、施工工艺和工具、测试技术以及仪器在内的配套技术。

高能气体压裂技术具有显著的优越性，但就当前国内外的技术水平来看，高能气体压裂的压裂规模还远不及水力压裂，为了提高其成功率和压裂效果，必须严格选井选层工作。

一、适用岩性

高能气体压裂由于加载速率较高，从而决定了其适用的岩层是脆性地层，对于塑性地层则不是很适用，而对泥岩地层，反而可能产生“压实效应”，适用于高能气体压裂技术的岩性有石灰岩、白云岩和泥质含量较低（小于 10%）的砂岩。不太适用于高能气体压裂技术的岩层有泥岩、泥质含量较高的（大于 20%）泥灰岩和砂质泥岩等。此外，胶结疏松的砂岩地层，压后可能引起严重的出砂问题，应慎重对待。

由于高能气体压裂只能降低渗流阻力，所以只适用于地层压力高、含油饱和度高的油层。由于注水井底经常处于高压状况，高能气体压裂增注效果优于油井增产效果。

二、适用井层

（1）探井在钻井过程中如果由于钻井液或完井造成油层污染，此时无论是水力压裂还是酸化都没有高能气体压裂方便、简易。国内外实践证明，无论探井钻遇的什么岩性、油层物性是好还是坏都可以运用高能气体压裂技术。塔里木塔中 422#井 3537 ~ 3554m 井段系石炭系灰岩油层，压前日产油 6.25m^3，日产气 14740m^3，压后日产油 19.2m^3，日产气 54208m^3。

（2）特别适用于处理地层能量高、含油饱和度高、井底附近被伤害的油气层，也适用于物性差的低产层，甚至停产层。根据延长油矿 29 口停产井统计，高能气体压裂后平均增产 2.0 ~ 9.7 倍，最大 20 倍，有效期达 18 个月。中原油田的濮 113 井为观察井，关井前含水率达 99.3%，压后日产液 44.6m^3，日产油 8.5m^3。胜利河日义 3-1-1 井，压前产液量为零，压后日产液量为 22.1m^3，日产油 19t，已累计增油 3000 多吨，有效期两年以上。

（3）注水井。利用高能气体压裂，一方面可解除近井地带的污染堵塞；另一方面，产生的径向多裂缝体系改善了注水驱替前沿，调节由层间差异造成的不合理注水剖面，从而增强油藏整体开发及注水效果。以 1993 年在中原施工的 7 口井为例，有 6 口井增注效果明显，有效期一般在 100 天以上。濮濨 6-95 井压前注不进水，压后日注水 $200m^3$。

(4)天然裂缝较为发育油气层改造。高能气体压裂产生的径向多裂缝体系，增加了与天然裂隙沟通的机会，从而可以利用地层的天然裂隙，获得较好的增产效果。

第五节　人工地震处理技术

人们首先发现天然地震对原油产量有影响。1954 年，美国人 Steinbrugge 等著文描述了1952 年7 月21 日加利福尼亚南部地震对 Kern 油田产量的影响。苏联也介绍了北高加索格罗兹内油田在 1938 年 1 月 7 日的天然地震影响下日产原油提高了 45% 的事例，这一类事例曾不断有所报道。

油田的应用试验表明，振动处理法能够对整个油层进行处理，使油井的原油产量提高，并降低油井含水。

一、实验研究

(1)位移振动对岩心渗透率是有影响的，在固定振强条件下，某些频率会使渗透率提高，大量的频率反而使其下降。

(2)只是在某些较窄频带上，如 5 ~ 26Hz 做位移振动时，会使岩心渗透率提高。

(3)在岩心固有频率附近振动时，岩心渗透率有较大的提高。

二、人工地震采油机理

(1)振动加快了地层中流体的流速。

(2)振动能降低原油黏度，改善流动性能。

①油层受迫振动，使孔隙里的原油连续不断地受到拉伸和压缩作用，这种重复作用使原油结构遭受剪切破坏而使原油黏度降低。同时，地层拉伸、压缩作用产生高压梯度，使难以流动的原油开始运动。

②油层振动后，流体在渗流时产生与气体脉动有关的效应，即气泡出现定向迁移，原油也随之做定向迁移。

(3)振动具有改善岩石表面润湿性的作用。

(4)振动有利于清除油层堵塞及提高地层渗透率。

(5)振动可以降低驱动压力，提高采收率。

三、人工地震采油工艺

1. 工艺技术准备

合理选择地震参数,使人工震源所建立起来的波动场能有效地传到油层,并能有效地控制地震公害。

(1)人工震源。

人工震源由调频起震机和可调重的基础构成,是人工地震法采油的关键。

(2)井下测试与分析系统。

(3)振动公害监测与分析。

2. 人工地震采油工艺过程

(1)振动区块选择。

选择区块应坚持以下原则:①注采系统基本完善;②油层连通性比较好;③低渗透区块可优先选择;④油层有无污染均可以;⑤距震源 180m 范围内无重要建筑物和设施。

(2)震源设置。

设置震源时应满足:①震源与井场的距离要大于 20m,180m 以内无民用建筑;②震源地面要平、夯实,无积水;③供电、交通力求方便。

(3)震动采油。

(4)生产动态监测与效果评价。

第八章

低渗透油田提高采收率技术

大多数油田注水开发后，65% ~70%的剩余油仍滞留在油藏中。

水驱剩余油的开采方法，通常称为提高石油采收率方法（Enhanced Oil Recovery, EOR），或改善石油采收率方法（Improvement Oil Recovery, IOR）。

在现代，石油工程与技术的发展趋势要求在经济合理的条件下，最大限度地提高所开发油藏的最终采收率。石油开发上，第一代方法为钻出井筒，提供出油通道，石油依靠油藏能量自喷，使用天然能量开发也称为一次采油，一次采油的采收率为10% ~15%；20世纪40年代以来发展了中晚期注水方式，称为二次采油，注入水弥补了油藏亏空体积，恢复和保持了油藏能量，此方法工程价格较低，得到广泛推广，采收率可以达到30% ~45%；50年代以来，开采行业研究并提出各种提高采收率的新方法、新工艺，统称提高石油采收率方法或改善石油采收率方法。EOR技术大致可分为热力采油（如蒸汽吞吐、蒸汽驱、火烧油层）、化学驱油（聚合物驱、交联聚合物驱、表面活性剂驱、碱水驱）、混相驱油（混相烃驱、二氧化碳驱、其他惰性气体驱、烃气驱）和微生物采油四大类。在开采过程中由于受到储油层水敏性、酸敏性、颗粒运移和侵入、结垢、水锁、润湿性改变、出砂等的伤害，岩石中油流通道被堵塞，油层渗透率降低，油井产量下降甚至完全丧失产油能力，给油田造成很大的经济损失。为了疏通近井地带油层的渗流通道，提高油井产量，延长油田在采用注水开发的方式之外，还不断开展注气驱油、表面活性剂驱油、微生物驱油等提高采收率方法的探索与试验。

第一节　概　述

"七五"期间我国对已开发油田提高采收率的潜力和方法进行了初步分析和筛选，低渗透油田部分结果如表8－1所示。

从表8－1看出，由于低渗透油田储层物性差，对比较成熟的三次采油方法——聚合物驱适应性很差。只有三个油田的部分区块，地质储量3880×10^4t，仅占全国适合于聚合物驱储量的0.89%。而且这三个油田都属于三类，基本上是不可行的。

表8－1　提高采收率方法初步筛选数据

提高采收率方法	油田	区块或层系	地质储量（10^4t）	孔隙度（%）	渗透率（mD）	提高采收率（%）
聚合物驱（Ⅲ）	草桥	西块S_4	869	22	37	12.9
	善店	B79S_4中	1121	25	43	1.5
	新立	—	1890	16	20	3.3
	小计	—	3880	—	—	—
CO_2混相驱	王场	潜三中区北	175	—	48	26.2
		潜四西	167	—	28	24.5
		潜四东	244	—	45	23.4
	克拉玛依	八区T_2K_2	1266	—	50	19.5
	百口泉	百21区T_2K_1	1905	—	42	15.2
	濮城	沙二上$^{4-7}$	1030	—	20	10.3
		沙二上$^{5-10}$	1451	—	13	14.1
	文东	盐间层	2584	—	22	5.4
	王场	王广区	258	—	16	11.1
	马岭	王广区	1612	—	37	—
		南二区	1168	—	50	—
	摆宴井	—	465	—	27	—
	鸭儿峡	L	1149	—	35	17.5
	小计	—	13474	—	—	—

表面活性剂驱要求储层的渗透率更高，因而低渗透油田中没有一个合适。

相对而言，低渗透油田适合CO_2混相驱的还比较多，共有13个油田区块，地质储量13474×10^4t，占全国适于CO_2混相驱储量的27.9%。在有CO_2资源的地区应该积极开展试验。

过去我国天然气探明储量有限，而且主要集中在四川地区，所以没有研究考虑烃类气体混相驱；“八五”以来，储量有了较大幅度的增长，特别是中西部地区天然气比较丰富。利用烃类气体混相驱提高低渗油田采收率的问题值得重视研究试验。

气体混相驱中，由于注入气体黏度很低，流度比不利，容易产生黏性指进和重力分异现象，致使注入的气体过早突破，降低扫油波及体积。从防止黏性指进和重力分异问题来看，低渗透层和薄层对烃类气体混相驱比较有利。

长庆对安塞油田坪桥区曾作过初步分析，注陕北气田天然气加1/3的坪桥溶解气，在油层条件下即可混相，最终采收率达到30%～40%，比水驱采收率提高50%～100%。世界有名的加拿大帕宾那低渗透(24mD)大油田进行过混相驱的研究试验，最终采收率达到50.0%～60.0%。

如果油田储层裂缝发育，则对注气不利，容易发生注入气沿裂缝窜进现象，需要特别慎重对待。

一、提高原油采收率方法分类

提高采收率的定义为除了一次采油和保持地层能量开采石油方法之外的其他任何能增加油井产量，提高油藏最终采收率的采油方法。EOR方法的一个显著特点是注入的流体改变了油藏岩石和(或)流体性质，提高了油藏的最终采收率。EOR方法可分为四大类，即化学驱、气体混相驱、热力采油和微生物采油。其中化学驱可进一步分为聚合物驱、表面活性剂驱、碱驱和复合驱(聚合物－表面活性剂驱，聚合物－表面活性剂－碱三元复合驱，表面活性剂－气体泡沫驱，聚合物－泡沫驱等)；气体混相驱可分为二氧化碳驱、氮气驱、烃类气体驱(干气驱和富气驱)以及烟道气驱；热力采油方法可分为蒸汽吞吐、蒸汽驱、火烧油层等；微生物采油方法可分为微生物驱、微生物调堵及微生物降解原油等方法。

1.气体混相驱

气体混相驱的目的是利用注入气体能与原油达到混相的特性，使注入流体与原油之间的界面消失，即界面张力降低至零，从而驱替出油藏的残余油。气体混相驱按混相机理可分为一次接触混相驱和多次接触混相驱。按注入气体类型可分为烃类气体混相驱(如LPG段塞驱、富气驱、贫气驱)和非烃类气体混相驱(如CO_2驱和N_2驱)。

1)LPG段塞混相驱

液化石油气(简称LPG)段塞混相驱是指首先注入与地下原油能一次接触达到混相的溶剂段塞，如LPG、丙烷等，然后注入天然气、惰性气体或水。LPG段塞混相驱工艺中水段塞是用来控制流度、提高波及效率的。一般来说，LPG段塞尺寸为10%～15%孔隙体积，而后续的天然气或水的段塞尺寸就非常大。

LPG段塞混相驱非常有效。注入的LPG段塞与原油达到混相后，残余的油滴及可动油都可能被采出，因此这种方法的采收率较高。此外，混相压力低、适应性强等都是LPG段塞混相驱的优点。但是，LPG段塞混相驱的成本高以及波及效率低等因素限制了该方法的应用。

2)富气混相驱

富气是富含丙烷、丁烷和戊烷的烃类气体。富气混相驱是指往油层中注入富含 $C_2 \sim C_6$ 中间组分的烃类气体段塞,然后再注入干气段塞,通过富气与原油多次接触达到混相来提高采收率的方法。注入富气与原油接触时,注入气中的 $C_2 \sim C_6$ 组分凝析而进入油相,形成一个由 $C_2 \sim C_6$ 富气和原油组成的混相带,如果注入的富气能保证足够的量时,混相带就会向前不断地把油推向生产井。由于富气成本要比干气高,因此富气段塞后紧接的通常是干气。尽管富气驱的成本低于 LPG 段塞驱,但是要求的混相压力相对较高。富气驱的优点是基本上能完全驱替油层内所接触的残余油,而且一旦混相带被破坏后能自身修复,重新获得混相。

但是,富气驱仍然成本较高,而且重力超覆、黏性指进现象严重,波及效率较低。

3)高压干气温相驱

干气是甲烷含量超过 85% 的天然气。高压干气混相驱是指在高压下将甲烷为主的干气连续地注入到油层,通过干气与原油多次接触达到温相的驱替过程。注入的干气与原油多次接触后形成了一个富含 $C_2 \sim C_6$ 的气体与原油的混相带。这种方法不像富气驱是通过富气中 $C_2 \sim C_6$ 中间组分凝析到原油中而达到混相,而是干气从原油中抽提出中间组分加富自己,使注入气体的组成和与之相接触的原油的组成接近,从而达到混相。

如果原油中富含 $C_2 \sim C_6$ 组分,而且地层压力很高,干气驱才能是混相驱。高压干气驱方法的优点在于成本低,干气可循环注入。但是,高压干气驱的注气压力要求很高,对注入设备和原油的组成要求很严,因此其适用性较差。此外,重力分界效应较严重,尤其是在非均性油藏中更为突出。

4) CO_2 驱

CO_2 驱是指注入的 CO_2 段塞通过降低原油黏度、膨胀原油体积,以及多次接触混相等机理提高油藏采收率的方法。在中等压力下注入的 CO_2 开始与原油接触时,并不能立即达到混相,但可以形成一个类似于干气驱的混相前缘,$C_2 \sim C_6$ 抽提原油中大量的 $C_2 \sim C_6$ 组分达到混相。但是在高压下,CO_2 有时又类似于富气驱,CO_2 可以溶解于原油中,相当于富气驱的中间组分凝析到原油中那样。在 CO_2 段塞前缘是 CO_2 - 原油混相带,富含 $C_2 \sim C_6$ 组分。为了控制 $C_2 \sim C_6$ 驱的流度,通常采取 CO_2 - 水交替注入方法。

一般注入的 CO_2 段塞尺寸为 12% ~40% 孔隙体积,后面接着注入的是泡沫或水。因为 CO_2 泡沫或水 - 气交替注入可以大大地降低流度比,提高注入流体的波及效率。相对来说，CO_2 驱在低压下能够达到混相，比高压注干气方法的应用范围更广，但受到 CO_2 资源量的限制，除非存在大型天然的 CO_2 气藏。此外，CO_2 驱会带来严重的腐蚀、结垢、沥青沉积等问题。尽管如此，CO_2 驱仍是应用最广的气体混相驱方法，在提高采收率方法中占有显著的位置。

5）N_2 混相驱

N_2 混相驱与高压干气驱类似，是指注入 N_2 与原油通过多次接触达到混相的一种 EOR 方法。注入的 N_2 与原油接触，抽提原油中的 C_2 ~ C_6 中间组分，而使 N_2 自身不断地富化，接近原油的组成，从而达到动态混相。在 N_2 驱时，除了混相驱机理外，N_2 的重力排驱及保持油藏压力效应均有助于提高采收率。N_2 驱要求原油中必须含有足够的 C_2 ~ C_6 中间组分，而且地层压力较高，因此，N_2 驱适应于高压轻质油藏。N_2 驱成本低，气源来源于空气，其成本是天然气的 1/4，是 CO_2 的 1/3 ~ 1/2。N_2 还可以从烟道气中获得，从而缓解环境压力，变废为宝。但是，N_2 驱混相的条件较为严格，只有高压、轻质油藏才能达到混相。在相同条件下，N_2 与原油达到混相所需的压力比 CO_2 和富气高得多。此外，烟道气可以产生严重的井下管柱腐蚀问题。

2. 热力采油方法

热力采油是指将热量引入油层、降低原油黏度，从而提高采收率的方法，包括蒸汽吞吐、蒸汽驱、火烧油层等方法。热水驱也属于热力采油范围，它是蒸汽驱的一个特例，即蒸汽干度为零的蒸汽驱。

1）蒸汽吞吐

蒸汽吞吐是指将蒸汽注入单井后，关井一段时间，注入蒸汽携带的热量传给油层，加热地下原油，然后开井生产的周期性注蒸汽过程。这种注蒸汽、关井、生产过程可重复多个周期。随着吞吐周期的增加，油井增产效果越来越差，直到最后吞吐转为蒸汽驱。在蒸汽吞吐中，原油的热降黏、热膨胀、蒸汽的闪蒸与抽提都对增加稠油油井产量有贡献。由于蒸汽吞吐加热油层范围有限，因而蒸汽吞吐的最终采收率低，一般为 10% 左右。为进一步提高稠油油藏采收率，蒸汽吞吐之后进行蒸汽驱采油。此外，在深井中，由于热损失量大，蒸汽吞吐受到一定的限制。蒸汽吞吐是投资少、见效快的一种 EOR 方法，也是进入工业化应用的 EOR 方法。

2）蒸汽驱

蒸汽驱是指将蒸汽从注入井注入油层，蒸汽将稠油变稀并推向生产井的一种热采方法。蒸汽驱提高原油采收率的机理有原油的黏度降低、受热膨胀、蒸汽蒸馏、蒸汽驱以及相对渗透率和润湿性改变等。在地层中注入的蒸汽干度达到零时，蒸汽驱变为热水驱。蒸汽驱中最大的问题是蒸汽超覆和提前突破。由于蒸汽与原油的密度差、垂向渗透率非均质性以及平面非均质性导致蒸汽沿油层上部窜进和沿高渗透带提前在生产井中突破，导致低的波及体积，降低了蒸汽驱稠油采收率。因此，在蒸汽驱中流度控制技术已变得越来越重要。尽管人们已采用了蒸汽泡沫技术，但效果并不是很好。此外，蒸汽发生器排放污染、结垢、热效率不高也是蒸汽驱所遇到的问题。尽管如此，蒸汽驱已成为最有吸引力的 EOR 方法，也是已进入工业化应用阶段的 EOR 方法。蒸汽驱的采收率可达 50% ~60%。蒸汽前缘为蒸汽凝结的热水和热油，热水前缘是原始油带。

姚店油田在庙沟区域进行热注工艺试验，采取单井吞吐。施工时，由锅炉车将油层水加热至 80℃以上后，混合几种有机化合物，利用催化剂控制反应速度，从油套管注入井中，在井筒内形成瞬间高温热水及大量氮气，热量迅速沿井筒、油管壁传导，很快将滞留在井筒、油管内的蜡质熔化。进入地层后，将积存在井筒周围的蜡质熔化，可综合解除蜡、沥青质、泥质等堵塞，同时产生的气体可补充地层弹性能量，从而达到解堵增油和提高残酸返排率的目的。一般解堵后两三天内，产量会明显增加。

3）火烧油层

火烧油层是通过注入空气（或氧气）与地层原油接触，采用人工井底点火或油层自发点火后，油层中部分重质原油作为燃料，产生的热量和燃烧产物用以降低原油黏度、膨胀原油体积、驱动地层原油从而达到提高采收率的目的。火烧油层与蒸汽驱的最大区别在于火烧油层是在油层内产生热量，而不是像蒸汽驱那样在地面产生热量。火烧油层的机理非常复杂，除了蒸汽驱的机理外，还包括原油就地热裂解和烃类混相驱等。火烧油层的技术可进一步分为干式正向燃烧法、反向燃烧法和联合热驱（湿式燃烧）三种方法。

（1）干式正向燃烧法。

靠近注入井的是空气区，空气区前为燃烧前缘，该区内的温度可达 700℃。燃烧前缘的前面是蒸发区，主要包括蒸发的轻质烃类、蒸汽以及余下的焦炭。在冷凝区内，是可动的热油和冷凝的轻烃以及热水等。冷凝区前为富集油带，随着空气的不断注入，集油带将不断地向生产井推进，直到产出地面。干式正向燃烧法的热效率很高，大大超过蒸汽驱，而且可以从生产井直接获得部分轻质油。但是，油层燃烧后剩余了大量的热量，降低了热量利用率，火烧油层的燃烧前缘难以控制，采油设备的腐蚀、压缩空气的成本以及产出气中存在有害气体都是火烧油层的限制因素。

（2）反向燃烧。

反向燃烧是指空气从注入井注入，而点火在生产井进行，燃烧前缘逆向注气方向移动的火烧油层方法。反向燃烧可以弥补正向燃烧中靠近生产井的原油难以流动的缺陷，可以开采超稠原油。它与正向燃烧的一个区别在于燃烧的是相对较轻的烃类，而不是像正向燃烧那样燃烧的是相对较重的烃类。

(3)联合热驱。

联合热驱是干式正向燃烧与水驱结合的一种热采方法。这种方法最大的优点在于可充分利用油层火烧后残余的热量，使热能利用率达到最高限度。联合热驱还可以避免高温带进入生产井，损坏生产井管柱，缓解干式正向燃烧中的腐蚀问题。

3. 化学驱

化学驱是指通过在注入水中加入聚合物、表面活性剂、碱等化学剂，改变驱替流体与油藏流体之间的性质，达到提高采收率目的的方法。化学驱可进一步分为聚合物驱、表面活性剂驱、碱驱以及复合驱（如聚合物－胶束、聚合物－碱、聚合物－碱－表面活性剂、表面活性剂－气体等）等方法。化学驱既可以改变油水界面张力，也可以降低流度比。因此从理论上来说，化学驱可以大幅度提高原油采收率，降低残余油饱和度。但实际应用中由于化学剂成本较高，这种方法的应用也受到一定限制。

1)聚合物驱

聚合物驱是一种流度控制技术，是指在注入水中加入少量的聚丙烯酰胺或生物聚合物黄胞胶来提高水相黏度，降低水相渗透率，从而改善水驱油流度，提高波及效率的一种 EOR 方法。在聚合物驱中，聚合物浓度一般为 300 ~ 1500mg/L，段塞尺寸为 0.1 ~ 0.4 孔隙体积。聚合物驱可提高采收率 5% ~ 15%。

聚合物段塞的流动可以改善黏性指进和舌进现象，提高平面和纵向波及系数。由于聚合物在高温和高矿化度的油藏条件下的稳定性较差，抗剪切性能弱，因此，聚合物驱的应用也受到了一定的限制。目前有一种改进聚合物驱的方法，它是在注入聚合物溶液中加入非常少量的弱交联剂，以提高聚合物溶液的稳定性，拓宽聚合物驱的应用范围。聚合物驱是化学驱中已进入工业应用阶段的 EOR 方法。

2)表面活性剂驱

表面活性剂驱是将表面活性剂（通常是石油磺酸盐）加入到注入水中，通过降低油水界面张力提高驱油效率的一种 EOR 方法。根据加入表面活性剂量以及在地下形成的体系性质，表面活性剂驱可分为活性水驱和胶束驱。在活性水驱中，加入的表面活性剂量较小，油水界面张力下降的幅度不是很大，通过活性水的润湿孔喉、降低界面张力以及乳化原油机理，降低残余油饱和度。由于表面活性剂在岩石表面的吸附，驱油效果变差。因此活性水驱的成本相应增大。胶束驱又称微乳液驱，是指将表面活性剂、醇类助剂以及电解质加入注入水中，在地下形成胶束溶液驱替原油的 EOR 方法。由于胶束溶液具有增溶油的特性，它与油层原油接触后，可形成混带，油水界面消失，可以大幅度地提高采收率。通常胶束驱与聚合物驱联合使用，即在胶束段塞后紧接着一个聚合物段塞，以保护胶束段塞不被后续注入水所破坏。胶束－聚合物段塞驱具有很高的驱油效率和波及效率，但注入化学剂成本限制了该方法的应用。

定边油田在实施注水工作的同时，将洗井后剩余的活性水注入星 3 井的延 9、延 10 油层，对近井地带的储层堵塞起到解堵作用，同时改变了储层岩石润湿性，措施后产液 6.8m^3，含水 100%。

3）碱水驱

碱水驱是把碱类物质，如氢氧化钠、硅酸钠、碳酸钠、碳酸氢钠等加入水中注入地层，通过碱与原油中的酸性组分就地生成表面活性剂，降低界面张力、乳化原油、溶解油水界面上的刚性界面膜、改变岩石润湿性等机理，降低残余油，从而达到提高采收率的目的。

在碱水驱中，正确地选择油藏原油的性质是至关重要的。碱水驱机理要求原油必须具有一定的酸值，一般认为原油酸值大于 0.5mg（NaOH）/g（原油）时，碱水驱效果较好。而原油酸值处于 0.2～0.5mg（NaOH）/g（原油）之间的原油需进一步的评价。碱水驱中的碱耗和流度控制是非常重要的。碱水驱通常与聚合物驱联合使用，可以改善流度比。降低碱耗的方法是先注入一个牺牲段塞，然后再注入碱水。碱水驱既可以用于轻质油藏，也可以用于重质油藏，只要原油具有一定的酸值就可以实施碱水驱。由于碱的吸附损失与黏土含量有关，所以碱水驱适合于低黏土含量的油藏。碱水驱是化学驱中成本最低的一种，与聚合物驱复合可以降低残余油和增大波及效率。

4）碱－表面活性剂－聚合物三元复合驱

在碱驱时由于原油的酸性组分含量不是很高，就地生成的表面活性剂量有限，不能达到超低界面张力（小于 10^{-3}mN/m），而且单独使用碱水驱时，碱耗损失大。在表面活性剂驱中低浓度的表面活性剂很难达到超低界面张力，而加入碱后，可以大大地降低表面活性剂的用量。这种碱－表面活性剂降低界面张力协同效应结合聚合物流度控制的能力，就形成了一种新的提高采收率技术——碱－表面活性剂－聚合物三元复合驱。由于三元复合体系能够使油水界面张力降低至 10^{-3}mN/m 以下，能够获得很高的驱油效率，其中聚合物可以增加体系的黏度，提高波及系数，因此三元复合驱采收率是化学驱中最高的。室内物理模拟结果认为，三元复合驱可提高水驱采收的 20%，但是三元复合驱的化学剂成本很高。在目前的油价和化学剂价格下，难以进入工业应用阶段。

4.微生物采油

微生物采油是利用微生物及其代谢产物增加油井产量,提高油藏原油采收率的一种石油开采技术。微生物采油中应用的微生物是经过严格的筛选和培养的,要注入的微生物在油藏条件(高温、高压、高矿化度)下具有迅速的生长、繁殖、凋谢功能。在油藏中,依靠微生物及其代谢产物(酸、气体、表面活性剂、生物聚合物等),能够改变油藏岩石孔隙结构及表面性质、油藏原油性能,从而达到提高波及效率、降低残余油的目的。根据微生物采油的应用工艺,微生物采油可以分为微生物驱、微生物调剖、生物吞吐等方法。微生物驱是利用微生物代谢产物中的生物表面活性剂和生物聚合物,提高注入水的波及系数和降低油水界面张力。代谢产物中的酸、气体有助于高地层压力,增大油层渗透率。微生物调剖是利用微生物本身及代谢产物的生物聚合物封堵高渗透带,使注入水分流到低渗透区,扩大注入水的波及系数。微生物吞吐是将微生物及其营养液注入地层,在关井期间,微生物在生产井近井地带繁殖、代谢,产生包括气体、酸、有机溶剂、生物表面活性剂等代谢产物,在开井生产时,由于井周围地带的原油黏度降低,岩石渗透率增加,有机沉积物消除等使井产量增加。微生物采油克服了气体混相驱和蒸汽驱中存在的重力分异以及化学驱成本高缺陷,是一种非常有前途的 EOR 方法,尤其是微生物可以裂解重质原油组分的性质,使微生物的应用拓展到石油炼制中。如果能够研制出一种可在高温、高矿化度下迅速繁殖,且具有降解原油重质组分能力的“超级”微生物,那将是微生采油新纪元的开始。

尽管各种提高采收率方法都能够提高油藏采收率,但各方法的机理不同,都存在一定的缺陷,表 8-2 为各种 EOR 方法的对比结果。

表 8-2　各种 EOR 方法的对比

EOR 方法	主要机理	主要缺陷
气体混相驱	降黏原油黏度 膨胀原油 混相驱替作用	重力分异导致的超覆现象 注入气源受限制 沥青沉淀,降低渗透率
注蒸汽	降低原油黏度 原油轻质组分汽化 气驱作用	井热损失大 蒸汽超覆现象严重 蒸汽锅炉排放污染物
火烧油层	降低原油黏度 原油轻质组分汽化 重质原油热裂解产生的 CO_2 混相驱作用	蒸汽反燃烧方法产生的气体 超覆 燃烧难以控制 产出气污染环境 井下管柱腐蚀严重

续表

EOR 方法	主要机理	主要缺陷
聚合物驱	降低流度比，改善波及系数	聚合物在高温、高矿化度下增黏能力差，稳定性差，注入能力受渗透率限制
胶束－聚合物驱	改善流度比 降低界面张力	表面活性剂的吸附损失大 表面活性剂的稳定性差 聚合物高温高盐的稳定性差，成本高
碱－聚合物驱	改善流度比 降低界面张力 润湿性反转	对原油组成要求严格 碱耗较大
微生物采油	微生物堵塞大孔隙 改善波及系数 生物表面活性剂降低界面张力 代谢酸性物质增加渗透率，代谢气体驱的作用 降解原油作用	微生物耐盐、耐高温性差 降解重质原油的微生物难以研制 微生物潜在污染水源

2007 年，永宁油田开展微生物单井吞吐试验，对 15 口低产含水油井进行了微生物深部解堵，成功 8 井次，失败 7 井次，累计增油 0.96×10^4t。其中永金 232 井由措施前日产油 0.51t 增加至 2.55t，日净增油 2.04t，含水由措施前 90% 下降到 50%；双 488 井产液量由措施前 $4m^3/d$ 增加到 $8m^3/d$，产油量由措施前 0.34t/d 增加到 1.36t/d，日净增油 1.02t，含水由措施前 90% 降至 80%，增油效果明显。

二、EOR 方法运用现状与前景

根据 2007 年国际《油气科学与技术》杂志报道，目前世界原油总产量（包括凝析天然气）8450×10^4bbl/d［其中通过 EOR 技术开采出来的原油有 250×10^4bbl/d（统计总量中尚未包括我国化学驱产油量）］，大部分来自美国、墨西哥、委内瑞拉、加拿大、印度尼西亚和中国。其中美国、委内瑞拉、加拿大、印度尼西亚和中国五个国家的热采技术应用较多。气驱主要应用的国家是墨西哥，其次是美国、委内瑞拉。我国化学驱则明显处于世界领先地位。

1. 美国

根据美国《油气杂志》每两年一次的提高原油采收率调查结果，美国 2006 年热采产油量占 EOR 产量的 46.46%，注气（轻烃、二氧化碳和氮气）约占 53.53%。EOR 项目共有 153 项，包括热采 55 项、气驱 97 项，化学驱项目数量已降至 1 项。

近年来，由于美国发现了十分丰富的天然 CO_2 气源，带动了 CO_2 混相驱项目的实施，使此技术成本大幅度下降。同时在高油价下修好了三条输送 CO_2 的管道，可以把 CO_2 从产地直接输送到用地得克萨斯州，使一些较小的项目也有利可图，从而促进了 CO_2 驱的快速发展。

2. 加拿大

已探明原油储量居世界第二的加拿大，仅艾伯塔省就拥有 1750×10^8bbl 的沥青储量，这也促进了加拿大热采技术的高速发展，使其拥有国际一流的稠油开采技术，如蒸汽辅助重力泄油（SAGD）、溶剂泄油（VAPEX）、火烧油藏（In - situ Combustion）、泡沫油等。应用数量最多的是蒸汽辅助重力泄油项目，大都应用于油砂开采中。此外 Encana 公司的 Weyburn CO_2 混相驱是加拿大主要的 CO_2 驱项目，该项目被认为是世界上最大的减少二氧化碳排放的联合实施项目。Talisman 能源公司拥有在 Turner Valley 油田的氮气 EOR 项目，计划投资 1.5 亿美元进行为期 3 年的先导性试验，以证明用注氮气开采 15% 地质储量的可能性。

3. 中国

我国针对大多数油田陆相沉积的特点，经过四个连续五年计划的重点项目攻关，在石油系统各单位以及中国科学院、高等院校的共同努力下，提高采收率技术有了飞速的发展，在化学驱一些领域已达到国际先进水平。如聚合物驱油已形成完整的配套技术，并已在大庆油田、胜利油田等大油田进行工业性推广；复合驱油技术获得重大突破，先导性试验获得成功。同时也暴露出一些生产实际问题，为今后技术的发展提出了新的研究课题。

此外，蒸汽吞吐、蒸汽驱等热采方法已在我国石油生产中占有相当大的比重。蒸汽吞吐是目前国内应用范围最广的一种技术，已完善配套，且中深层的蒸汽吞吐技术已处于国际先进水平。蒸汽驱技术也进行了大规模的工业化试验，积累了一定的经验。

气体混相驱研究相对较晚，与国外相比还有很大差距。尽管在 20 世纪 80 年代开展了 CO_2 和天然气驱矿场试验，取得了一定效果，但因气源问题，一直未得到发展。随着西部油田的开发，安塞世界级气田的发现，长庆注气混相驱和非混相驱被列入国家重点攻关项目。吐哈油区的葡北油田注烃混相驱矿场试验得以启动，大大推动了我国混相驱提高采收率技术的快速发展。同时，吉林的扶余油田、苏北黄桥气田、江苏秦潼凹陷以及广东三水盆地等一批 CO_2 气藏的发现，推动了 CO_2 混相或非混相驱先导试验研究，同时“温室气体的地下埋存及在提高油气采收率中的资源化利用”已被列为国家“973”重点攻关课题。

在微生物采油技术方面，早在 1966 年新疆石油管理局就开始利用微生物进行原油脱蜡技术的研究，被认为是微生物技术研究的开端。“七五”期间，这项技术被列为国家科技攻关项目，主要开展了以下工作：微生物地下发酵提高采收率研究，生物表面活性剂的研究，生物聚合物提高采收率的研究。注水油层微生物活动规律及其控制的研究，20世纪80年代，大庆油田率先进行了两口单井微生物吞吐矿场实验，结果含水量下降，原油产量增加。“九五”期间，大港油田率先进行了微生物菌液驱矿场先导试验。目前辽河油田、胜利油田、新疆油田等油田也在开展室内研究与应用。

总体上来看，世界范围内的EOR工程在20世纪80年代处于高峰期，而后略有下降，90年代末又稍有回升。进入21世纪，EOR工程的数量仍大幅度减少。但随着勘探费用上涨、勘探难度加大以及目前高油价的形势，终将再一次刺激EOR工程数量的增加，迎来技术研究的热潮。

三、低渗油田提高原油采收率方法筛选标准

我国于2003年制定了提高采收率筛选标准，根据低渗透油藏特点，渗透率一般小于50mD，适合提高采收率的方法主要有化学驱的表面活性剂驱和气驱（烃类驱、CO_2驱、氮气驱）。

1. 表面活性剂驱

筛选的主要指标为：(1)油藏温度低于80℃；(2)渗透率大于10mD；(3)黏度小于50mPa·s；(4)油藏地层水总矿化度小于1.0mD；(5)二价阳离子含量小于100mg/L。

表面活性剂驱由于成本要求高，从而限制了该方法的使用。

2. 烃类驱

主要指混相驱，筛选的主要指标为：(1)油藏埋深610~1500m；(2)油层温度小于120℃；(3)地层压力不低于最小混相压力；(4)黏度小于5mPa·s；(5)油层有效厚度小于15m。

注：对于烃类非混相驱，油藏埋深、油层温度、地层压力、原油组分不受此条件限制。

3. CO_2驱

主要指混相驱，筛选的主要指标为：(1)油藏埋深大于1000m；(2)油层温度低于120℃；(3)地层压力不低于最小混相压力；(4)油层有效厚度小于3~15m；(5)渗透率大于5mD；(6)黏度小于10mPa·s。

注：对于CO_2非混相驱，油藏埋深、油层温度、地层压力、原油组分不受此条件限制。

4. 氮气驱

主要指混相驱，筛选的主要指标为：(1)油藏埋深大于1400m；(2)油层温度低于120℃；(3)地层压力不低于最小混相压力；(4)油层有效厚度小于3～15m；(5)渗透率大于5mD；(6)黏度小于10mPa·s。

注：对于氮气非混相驱，油藏埋深、油层温度、地层压力、原油组分不受此条件限制。

5. 注空气驱

对于注空气过程的预备油藏，A. T. Turta提出了以下准则：

(1)没有裂缝；(2)没有气顶或底水的存在；(3)净产层厚度大于3m；(4)渗透率大于100mD；(5)孔隙度大于20%；(6)埋藏深度大于2000m；(7)油藏温度大于80℃；(8)原油传导率大于16mD·m/(mPa·s)；(9)原油饱和度大于50%；(10)原油黏度小于10mPa·s；(11)原油密度小于850kg/m^3；(12)原油中要有一定的胶质，以维持氧化反应的连续性；(13)油藏储层岩石中最好含有黏土矿物和金属成分，对氧化反应起到催化作用。

从渗透率指标看出，对于低渗油藏，注空气驱不合适。

第二节　气驱技术

统计资料表明。目前全世界正在生产的注气采油项目共有138个，其中注二氧化碳采油项目94个(占68%)，注天然气采油项目35个(占25%)，注氮气采油项目5个，酸气4个，绝大部分取得很好效果。渗透率小于10mD注气45个，渗透率小于50mD中有76个，占55%。混相驱126个(占91%)，非混相驱12个(占9%)，说明了低渗透油藏注气适应程度高，而且混相驱占主导地位。2006—2007年，全世界计划执行EOR项目：CO_2混相驱15个，非混相驱1个，蒸汽驱7个，聚合物驱2个，火烧油层2个，表面活性剂－聚合物2个，说明了注气驱在提高采收率中的重要地位。

在美国现行注气的大部分油藏均为中低渗油藏，美国Ekofisk油田(渗透率0.1～5mD)注烃类气，沃森油田的威拉德开发单元(渗透率1.5mD)注CO_2；Antelop油藏和Lost Hills油田(渗透率0.08mD)注CO_2；西得克萨斯31块油田(渗透率1mD)注烟道气；安蒂溪油田(渗透率9.3mD)注富气，列沃兰德开发单位(渗透率2mD)注富气等。目前美国注CO_2项目82个，低渗65个(渗透率小于50mD)占79%。

注气驱是继纯水驱、蒸汽驱和聚合物驱之后又一项重要的提高采收率技术。全国适合注气驱的石油地质储量至少占参评储量 1/10 以上（10×10^8t 以上），那些不宜注水和化学驱的油田（低渗透、强水敏储层的油田等），所占的储量更大。

随着低渗透油藏的比例和储量增大，国内已对一批油田进行可行性评价和现场试验，如我国吐哈葡北油田（渗透率 30～100mD）已开展注烃混相驱达 8 年多，运行效果良好；长庆靖安油田注天然气（渗透率 2mD）已获得成功，并取得了一定经验；富民油田（渗透率 7.5mD）已成功地开展了 CO_2 吞吐试验和注气驱现场试验，取得了明显经济效益；辽河油田注 CO_2 吞吐试验、大庆外围油田（渗透率小于 2mD）注 CO_2 驱现场试验正在进行中；中原文留油田（10～20mD）低渗透注烃气项目已通过评审，进入实施阶段；塔中 4 油田为了保存资源已实施注烃气；克拉玛依低渗透油田（渗透率 50mD）处于论证阶段；川中大安寨低渗透裂缝灰岩油藏注气进行室内评价论证认为有经济效益；青海南翼山带裂缝油藏（基质渗透率 0.8mD）注天然气可行性也在论证之中。

CO_2 混相驱、烃类气体混相驱及氮气驱是提高低渗透油藏采收率的有效手段，采收率可以提高 10%～25%。针对目前低渗透油田采收率较低的状况，应积极开展混相驱提高采收率的研究和现场试验。

一、CO_2 驱

高压下将 CO_2 注入油层溶解于原油中，使原油黏度降低、体积膨胀、流动性变好，如果形成混相或局部混相带，则可降低界面张力，大幅度提高原油采收率。

美国，从 20 世纪年代至今，已成功地进行了大量的注 CO_2 混相驱及非混相驱提高采收采率技术，最终采收率高于原来预测值，室内机理研究也比较深入，近几年来又提出混相水气交替注入以及近混相驱等，使混相驱效果进一步提高。如美国的小溪油田和东北帕迪斯林格油田进行了注 CO_2 现场试验，多采了 11% 以上的地质储量。在我国，大庆油田于 1965 年开辟了小井距提高采收率试验区进行先导性试验。目的层在葡 14—7 层，开展注浓度为 3.8% 的碳酸水试验，注入孔隙体积 23.2%。与同条件对比井组的水驱相比，采收率提高 10% 左右，在注水过程中注水井吸水能力也有所提高。室内试验表明，CO_2 水驱能使岩心表面性质由亲油转向亲水。1985 年，气体混相驱和非混相驱工作又重新开展起来；1994 年，吉林油田开展 CO_2 吞吐和 CO_2 泡沫压裂，结果平均单井增产 75.5t 和 144t 原油。1996 年，江苏油田在富民油田 48 井开展了 CO_2 吞吐试验，累计增油 1500t。

1. CO_2 驱增油机理

CO_2 混相驱中，CO_2 抽提原油中的轻质组分或使其汽化，从而降低界面张力，实现混相是 CO_2 驱最重要的提高采收率机理。CO_2 非混相驱的主要采油机理是降低原油黏度，使原油体积膨胀，抽提和汽化原油中轻烃，减小界面张力。CO_2 吞吐开采机理主要是使原油体积膨胀、降低原油黏度，以及轻烃抽提和相对渗透率效应。

1）降黏作用

CO_2 与原油有很好的互溶性，能显著降低原油黏度，可降低到原黏度的1/10左右。原油初始黏度越高，降低后的黏度差越大，黏度降低后原油流动能力增大，提高原油产量。

2）改善原油与水的流度比

CO_2 溶于原油和水，使其碳酸化。原油碳酸化后，其黏度随之降低，水碳酸化后，黏度提高20%以上，同时也降低了水的流度，油和水的流度趋向靠近，改善了油与水流度比，扩大了波及体积。

3）膨胀作用

CO_2 注入油藏后，原油的体积大幅度膨胀，一般可增加10%～100%。原油体积膨胀，不但可以增加地层的弹性能量，还有利于膨胀后的剩余油脱离地层水及岩石表面的束缚，变成可动油，致使驱油效率升高，从而提高油藏的最终采收率。

4）萃取和汽化原油中的轻烃

在一定压力下，CO_2 混合物能萃取和汽化原油中不同组分的轻质烃，降低原油相对密度，从而提高采收率。CO_2 首先萃取和汽化原油中的轻质烃，随后较重质烃被汽化产出，最后达到稳定。萃取和汽化现象是 CO_2 混相驱的重要机理。

5）混相效应

混相效应是指两种流体能相互溶解而不存在界面，消除了界面张力。CO_2 与原油混相后，不仅能萃取和汽化原油中轻质烃，而且还能形成 CO_2 和轻质烃混合的油带。油带移动是最有效的驱油过程，可使采收率达到90%以上。

6）分子扩散作用

多数情况下，CO_2 是通过分子的缓慢扩散作用溶于原油。分子的扩散过程很缓慢，特别是水相将油相与 CO_2 气相隔开时，水相阻碍了 CO_2 分子向油相中的扩散，并且完全抑制了轻质烃从油相释放到 CO_2 中。因此，必须有足够的时间，使 CO_2 分子充分扩散到油相中。

7）降低界面张力

CO_2 驱油的主要作用是使原油中轻质烃萃取和汽化，大量的烃与 CO_2 混合，在油层内发生混相时，束缚原油的毛细管力就会消失，原油会重新获得流动能力而被采出。

8)溶解气驱作用

大量的CO_2溶于原油中具有溶解气驱的作用。降压采油机理与溶解气驱相似,随着压力下降,CO_2从液体中逸出,液体内产生气体驱动力,提高了驱油效果。另外,一些CO_2驱替原油后,占据了一定的孔隙空间,成为束缚气,也可使原油增产。

9)提高渗透率作用

CO_2溶于原油和水,使其碳酸化,其化学反应为:

$$CO_2 + H_2O = 2HCO$$

$$H_2CO_3 + CaCO_3 = Ca(HCO_3)_2$$

$$H_2CO_3 + MgCO_3 = Mg(HCO_3)_2$$

碳酸水与油藏的碳酸盐反应,生成碳酸氢盐。碳酸氢盐易溶于水,导致碳酸盐尤其是井筒周围的大量水和CO_2通过的碳酸岩渗透率提高,使地层渗透率得以改善,上述作用可使砂岩渗透率提高5%～15%,同时CO_2还有利于抑制黏土膨胀。另外,CO_2水混合物由于酸化作用可以在一定程度上解除无机垢堵塞,疏通油流通道,恢复单井产能。

注入的CO_2能使毛细管的吸渗作用得到改善,从而使油层扫油范围扩大,使水、油的流动性保持平衡。

2. CO_2驱驱替类型

1)CO_2混相驱

混相驱替是指在多孔介质中,一种流体驱替另一种流体时,由于两相之间发生扩散、传质作用,从而使两种流体能相互溶解而不存在分界面。混相驱替的机理是驱剂和被驱剂在油藏条件下形成混相,消除界面,毛细管准数变为无限大,同时多孔介质中的毛细管力降至为零,从而减少了因毛细管效应产生毛细管滞留所圈闭的石油,理论上可以使微观驱油效率达到100%。

由于受地层破裂压力等条件的限制,混相驱替只适用于API重度比较高的轻质油藏,同时在浅层、深层、致密层、高渗透层、碳酸盐层、砂岩中都有应用的经验,总结起来,CO_2混相驱对水驱效果差的低渗透油藏,水驱完全枯竭的砂岩油藏,接近开采经济极限的深层、轻质油藏,利用CO_2重力稳定混相驱开采多盐丘油藏具有重要的意义。

2)CO_2近混相驱

Orr等人在进行CO_2驱微观实验时,提出采收率曲线中的转折点并不一定表示由非混相驱替到动态混相驱替的转变,转折点可能是“近似混相的”。1995年,

Shyeh－J. J. Yung 又将近混相驱的概念扩展，提出近混相气驱是指注入气体并非与油完全混相，只是接近混相状态。Burger、沈平平等人分别在室内研究时讨论到近混相现象。

3）CO_2 非混相驱

CO_2 非混相驱的主要采油机理是降低原油黏度，使原油体积膨胀，减小界面张力，对原油中轻烃汽化和抽提。主要应用包括：（1）用来恢复枯竭油藏的压力；（2）重力稳定非混相驱替；（3）重油 CO_2 驱，可以改善重油的流度，从而改善水驱效率；（4）应用 CO_2 驱开采高黏度原油。

4）单井非混相 CO_2 吞吐开采

该方法的一般过程是把大量的 CO_2 注入生产井底，然后关井几个星期，让 CO_2 渗入到油层，再重新开井生产。

CO_2 单井吞吐方法适用的范围很广，不存在严格的条件限制。这种技术既可以用于稠油，也可以用于轻油；既可以用于高渗透油藏，也可以用于低渗透油藏。对于井间流通性差、其他提高采收率方法不能见效的小断块油藏，更具有优越性。单井非混相 CO_2 吞吐开采技术不必依赖于井与井之间的流体流动特性。此外，对于一些裂缝性油藏、能量不足的油藏以及有底水的油藏等一些特殊油藏，都可以应用单井非混相 CO_2 吞吐开采技术提高原油采收率。

3. CO_2 驱注入方式

1）连续注 CO_2 气体

直接向已枯竭的地层中连续注入 CO_2 气体，其特点为：（1）见效快，但 CO_2 消耗量大，一般为地层孔隙体积的几倍；（2）由于不利的流度比，容易发生早期气窜，产气量上升快，CO_2 利用率低；（3）不适用于压力过低的油藏，因为这类油藏一方面需要大量的 CO_2 气体，另一方面，过低压力下 CO_2 气体与原油混相困难，造成只有少量轻质烃采出，大量重质烃留在地下。

2）注碳酸水

利用 CO_2 溶于水的性质，将水－CO_2 溶液注入地层后，水中的 CO_2 在分子扩散作用下与原油接触并驱油。

（1）改善流度比。

由于水中 CO_2 更容易溶解在原油中，因此注水前缘后面地层中的 CO_2 会转移到残余油相中，降低原油黏度，提高油相渗透率，同时碳酸化水中的 CO_2 对水具有增黏作用，可以改善流度比，并使油水相界面处毛细管力下降和岩石水润湿角减小。原来水不能波及的地方，由于水中溶有 CO_2 而能被波及，一般碳酸化水波及系数要比普通的高出几倍。

(2)提高洗油效率。

由于原油与CO_2要比水与CO_2在化学上有更深的“亲缘”关系,因此在碳酸化水与石油接触时,CO_2的分子发生扩散,从而使附在岩石骨架表面上的重质油膜“疏松”化,最终使这些油膜移动,提高了洗油效率。

(3)吸附现象。

由于CO_2也像其他溶剂一样存在吸附作用,因而通常CO_2浓度前缘要远远落后于水驱前缘,相差1~7倍。但这种吸附与聚合物不同,不论在原油处吸附,还是岩石表面吸附,对原油开发均有利。

3)水、CO_2气体段塞交替注入

将CO_2和水以较小的段塞尺寸(一般小于5%烃类孔隙体积)交替注入油层中驱油。虽然注入的水可能造成水屏蔽和CO_2绕流原油,且存在潜在的重力分层作用,同时还可能造成注入能力下降等缺点。但由于改善了CO_2的流度,提高了CO_2的体积波及系数和利用率,因此,交替注入方式是经济有效的提高采收率的工艺方法。

4)CO_2和水同时注入

CO_2和水同时注入是利用双注系统同时将水和CO_2注入油层的方法,可看作WAG法的一种极端情况。此种注入方法的不利因素就是:当高压注入CO_2和水的混合物时,注入井腐蚀严重;当两相同时注入时,注入能力会降低。

4.低渗透油藏CO_2驱可行性分析

美国是CO_2混相驱、非混相驱项目开展最多的国家,处于世界领先地位,并依旧保持稳步上升的势头,目前有注CO_2项目82个,低渗油藏65个(渗透率小于50mD),占79%,CO_2驱增加的原油产量由1984年的0.448×10^4t/d增加到2006年的0.33×10^4t/d,如沃森油田的威拉德(渗透率1.5mD)、Antelope油田和Lost Hills油田(渗透率0.08mD)注CO_2等项目。

我国江苏富民油田(渗透率7.5mD)1996年开展了CO_2吞吐试验,累计增油1500t。大庆外围油田(渗透率小于2mD)注CO_2驱矿场试验,胜利油田1998年开始进行CO_2单井吞吐增油效果的试验,平均单井增产油量200t以上;吉林油田自1995年开始就进行CO_2单井吞吐试验,累积增油1420t。以上低渗透油藏绝大部分取得了很好的经济效益。

同时,我国CO_2资源勘探取得了巨大进步,在松辽盆地、渤海湾盆地济阳坳陷、黄骅坳陷、苏北盆地、三水盆地等东部油气沉积盆地相继发现了大量的CO_2气藏。其中,松辽万金塔气田,其储量约$3\times10^9m^3$;江苏黄桥气田地质储量为$6.24\times10^{10}m^3$,南海莺—琼盆地也发现了一批储量巨大的CO_2气藏,储量预计可达$1\times10^{12}m^3$。

因此，随着我国 CO_2 气源的不断发现，CO_2 混相驱、非混相驱及 CO_2 单井吞吐等技术的进一步发展，为我国低渗透油藏大规模进行 CO_2 驱及 CO_2 单井吞吐提高原油采收率提供了条件。

2012 年，延长油田甘谷驿采油厂开始引进 CO_2 混相驱油技术，该技术的可行与否，正在试验当中。

二、氮气驱

注 N_2 开发由于其独特的优越性，自 20 世纪 70 年代中期以来，得到了迅速的发展。实践证明，埋藏深的特低渗透油藏最适宜注氮气。美国的福多奇油田在现场实施后取得明显的经济效益。在国内，注氮气开发起步较晚。于 1994 年后，华北的雁翎油田和江汉油田都进行了现场试验，取得明显的开发效果。

1. 机理

氮气吞吐采油工艺，就是把一定体积的氮气注入生产层内，让氮气扩散进入到油层内部。氮气不溶于水，难溶于油，具有良好的膨胀性，有利于迅速补充地层能量，增加回采速度和回采水率。而且由于氮气与原油之间有着比较大的密度差，在宏观上，氮气上浮到油层的上部，形成超覆现象；在微观上，可由下而上进入岩石孔隙中，驱替出被捕集在与较大裂缝连通且上端封闭的裂缝或孔隙中的原油，降低残余油饱和度。

2. 适应注氮气的边界条件

(1) 速敏性低渗油藏不适宜注氮气。

速敏性低渗油藏对注入地层中的流体速度比较敏感，而氮气的注入速度一般在 $800 \sim 950 m^3/h$，因此速敏性低渗油藏不适合注氮气。

(2) 水、盐、酸敏性低渗油藏适宜注氮气。氮气是一种强惰性气体，不会对水、盐、酸敏性储层有任何伤害。因此，水、盐、酸敏性低渗油藏非常适合注氮气开采。

3. 低渗透油藏氮气吞吐时机优化

氮气吞吐机理模拟实验表明：注气时机过早或过晚，都会对油田开发效果有着较大的影响。下面从以下几个角度来分析并优化氮气的吞吐时机。

1) 油藏适合注水却缺水的情况

对于因缺水无法注水的低渗油井可优先考虑注氮气采油。因为注氮气不但在保持地层压力方面要优于注水，而且氮气来源比较广泛，成本要远远低于注水成本。

2) 油藏注水时间已较长的情况

有些低渗透油藏在经过长期注水后，大都相继呈现出注水压力高、水驱效率低、油井见水后产量下降快等现象。此类油藏最优注入时机为油井见水前。

3)油藏地层压降幅度过大的情况

有些低渗透油田边、底水都不活跃,弹性能量小,油井投产后压力下降快,产量递减大。为了改善此类低渗透油田开发效果,提高最终采收率,就必须尽早地采取保持较高地层压力的有效开发方式,即当地层压力降至原始地层压力的60%~70%范围时,向地层注入氮气可有效补充地层能量,恢复地层压力。

4. 低渗透油藏氮气吞吐注入参数设计

1)不同条件下氮气注入强度设计

根据氮气注入强度的概念,注气强度 Ig 与地层孔隙度 ϕ、气体波及半径 r、油层埋深 h 几个参数有关。

$$Ig \approx \phi(\pi r^2)h/10 \quad (8-1)$$

由此,可大致估算出不同条件下的注气强度(表8-3)。

表8-3　不同条件下的注气强度设计

油藏类型	渗透率(mD)	孔隙度(%)	波及半径(m)	油层埋深(m)	注气强度($10^4 m^3/m$)
普通低渗	50	17	20	500~1000	1.0~2.0
特低渗	5	12	20	500~1000	0.7~1.5
超低渗	0.5	8	20	500~1000	0.5~1.0

2)不同油藏条件下氮气最高注入压力设计

气体注入压力在氮气驱油过程起到重要作用。一方面,氮气的注入压力越高,地层能量补充得也就越多,驱替效率就越好;另一方面,注入压力过高超过地层破裂压力时,会出现地层破裂,造成地层伤害,因此注入压力又要受到一定的限制。对于低渗透油层可进行微破裂压力注气,有利于改善储层物性,但要求注入气时井底压力不应超过地层破裂压力的10%。

5. 不同注入方式的选择

氮气吞吐有三种注入方法可供选择:连续注入、间歇注入、气水交替注入。三种方式各有优缺点,适用范围也有所差别。

1)连续注入方式

连续注入方式的优点是注入时间短,气体流动状态连续、稳定,气体相对渗透率相对高,气体的波及面积大。因此,一般情况下,均可采用连续注入方式。但连续注入由于不利的流度比易造成气体突破。

2)间歇注入方式

对于渗透率 1.0mD 的超低渗透油藏,使用间歇注入方式则氮气吞吐效果较好。

3)气水交替注入方式

对于渗透率不是过低(1.0~100mD)的低渗油藏,则非常适合这种注入方式,因为其采收率要比单注一种驱替剂要好得多。

值得注意的是,对于低渗透油藏而言,气水交替注入的频率不宜过高,因为频繁变换注入介质和方式可能会严重降低注入速度。

6.低渗透油藏氮气扩散压力变化规律探索

依据注氮驱油室内研究结果,在低渗透油藏条件下,氮气扩散压力变化过程可大致分为以下四个阶段。

1)注入时期的压力上升阶段

此阶段随着氮气的不断注入,首先注入井井底出现气相,在注气量不变的条件下,注气压力有所降低,此时地层深处未出现气相。如果注气量充足,继续注入的话,地层压力将很快回升。

2)焖井时期的压力缓降阶段

焖井期间,注入气体不断而缓慢地向地层深处扩散,地层内部逐渐出现气相、压力提高,由于没有后续气体的补充,压力逐渐趋于稳定,此时,氮气与其所覆盖范围内的地层原油接触,充分利用其弹性能量将部分原油挤出,形成油流。

3)回采时期的压力缓降阶段

焖井后开井,注入井转为生产井,井底附近气体迅速返出,形成一个负压地带,在其影响下,地层深处气体也开始向反方向(即井筒方向)流动,同时不断释放高压气体所特有的弹性能量,携带原油向井底流动,在新的生产状态下地层压力又逐渐趋于相对稳定。

4)回采时期的压力下降阶段

当注入气的弹性能量不足以维持更高的地层压力时,地层压力会逐渐降低。此阶段产气量迅速降低,而产油量则在气体作用下平稳降低,最后保持稳定。

从以上分析可以看出,无论是焖井时期还是回采时期,压力平稳阶段是氮气吞吐的主要见效阶段,此时,地层压力较高,并且较为稳定,产油量高且较稳定。因此,延长这一阶段的开采时间,有利于提高整个油田的开发效果。

7.低渗透油藏氮气吞吐回采参数设计

在进行氮气吞吐回采时,有两个重要的开井参数,即开井时间和开井压力,直接影响着原油的采收率,需要特别进行研究和探讨。开井时间由气体的浸泡时间

（又称焖井期）决定。浸泡时间过短，原油与氮气作用时间不足，不但会降低氮气作用半径，波及体积变小，而且驱油效率也很低。浸泡时间过长，氮气向地层深度扩散程度严重，地层压力不能恢复到较高水平，地层能量补充不足，供液能力差，产油量同样不能得到有效提高。

对于低渗透油藏，一般认为在地层压力降至原始值的70%～80%时，即是最佳开井时间。所以结合现场经验，对于井深1000～2000m的低渗油藏，油层压力相对较高。注氮吞吐的浸泡时间一般可在15～20天的范围内选择，而对于井深小于1000m的低渗透油藏，油层压力低，其浸泡时间可设定在10～15天的范围内。

在优化开井压力时，首先要保证足够的焖井时间。对于一般低渗透油藏，经过焖井期之后，井口压力会逐渐降到一个较低水平，此时开井放喷，则井口压力与地层压力形成一个较大的压差，有利于原油的生产。对于一些渗透率过低的油层，在氮气注入后经过相当长的焖井时间后，井口压力仍然表现出很高值，此时，应适当延长焖井时期，增加氮气与地层油的作用时间，使压力降下来再开井为宜。

8. 注氮气后回采速度及抽汲参数设计

模拟结果表明：生产阶段的生产速度越快，气体吞吐效果越好。

对于低渗透油藏，由于产量较低或受油田条件限制，主要是利用有杆泵进行回采。回采速度过快，表明生产压差大，采出油中的溶解气过多地释放出来，会对泵效产生负面影响。因此在设计回采参数时，应针对不同情况加以优化。

（1）在焖井之后井口有一定压力的情况下，应控制放喷压力及回采速度，使每日的压降不超过0.3～0.5MPa。

（2）当井口没有压力，液面高度接近井口时，可重新选择合理的抽汲参数，或延长冲程，或增大冲次，以加大泵的理论排量，适应油层的供液能力。

（3）井口没有压力，但液面高度与注气前的情况差别不大，则按原先的抽汲参数进行回采。

三、烃类驱

在高压下，使注入的天然气与油层的油发生混相，形成混相带，随着注入压力的提高，混相前缘不断向前驱扫，从而把油采出来。实践证实该方法提高采收率效果良好。

在澳大利亚的缔拉瓦拉油田和美国的布里杰湖油田注入烃类混相驱后，取得明显的开发效果。

1. 注烃气混相驱机理

混相（miscible）的定义是：当两种或更多种流体按任何比例混合时，都没有流体间的相界面形成,所有的混合物都保持单一均质相时,则称这些流体是混相的。反之,若有流体相存在,则认为这些流体是不混相的。混相驱替(miscible displacement)是提高石油采收率的重要方法之一,它的基本机理是驱替剂(注入的混相气体)和被驱剂(地层原油)在油藏条件下形成混相,消除界面,使多孔介质中的毛细管压力降至零,从而降低因毛细管效应产生毛细管滞留所圈闭的石油,原则上可以使微观驱油效率达到100%。实际上由于地层的非均质性、渗透率分层性、流度比不利、重力舌进、黏性指进等多种因素,100%的原油采收率是达不到的,但在适宜条件下,其采收率一般比注水的采收率高。

2. 注烃气非混相驱机理

从混相原理上可知,随着压力增加,即使是用贫气驱动含中间相对分子质量烃较少的重油,它们之间也有可能达到混相,一般来讲,混相驱驱油效果优于非混相驱,但要求的混相压力极高,这在油藏注气工程中有时是不可能达到的。此时注气只能是非混相驱替。烃气在原油中有一定的溶解度,一定压力下溶解气可以改变油流特性,同时不混相的气—液之间存在传质作用。因此,非混相驱替也会使原油采收率有所提高。

1)非混相驱采油的主要机理

(1)分子扩散作用。非混相注气驱,主要建立在气溶于油,引起油的特性改变的基础上,为了使油最大限度地降低黏度,增加体积,要有足够的时间使气饱和原油,一般情况下气是通过分子缓慢扩散作用溶于原油的,因此,必须有足够的时间,使气充分扩散到原油中。

(2)降低原油的黏度。注入气溶于原油后,在同一温度下,压力升高,注入气的溶解度升高,原油的黏度随之降低(但超过饱和压力时黏度上升),改善了原油与水的黏度比,提高了原油的流动能力。

(3)使原油的体积膨胀。增加了液体的内动能,把原油驱替到大的或连通的孔道,从而提高原油的采收率。

(4)混相效应。注入气与原油混相以后,不仅能萃取和汽化原油中的中轻质烃,而且还能形成注入气和轻质油的混合的油带。油带的移动是最有效的驱动过程,可以达到90%以上。

(5)降低界面张力。注入气驱的主要作用是萃取和汽化原油中的中轻质烃,大量的烃与注入气混合,大大降低了油水界面张力,也降低了残余油的饱和度,从而提高了原油的采收率。

(6)溶解气驱作用。大量的注入气溶于原油,具有溶解气驱的作用,提高了驱替的效果。

(7)维持地层的压力。将地层的流体压力维持在一定的水平上,例如,使其处于露点压力、泡点压力、现有地层压力上,以保持单一的相态,或使产油井具有一定的产液能力。

(8)扩大波及效率。尤其是在非混相驱中一部分气体溶解在油中,另一部分则呈游离态。在油气之间形成一个界面分开的两相——气相和液相。注气非混相驱的主要机理就是利用重力驱油和水气交替注入扩大波及体积,从而使水驱时难以波及的正韵律厚油层顶部的剩余油驱替出来。

(9)作为其他混相溶剂的工作液。作为其他混相溶剂,例如,CO_2、富天然气、其他混相溶剂的工作液,使得混相溶剂的用量大大减少,提高经济效益。

(10)提高重力泄油能力(指倾角较大的油藏)。由于注入气的密度通常比储层流体的密度低,向构造的顶部注气可以促使油藏流体沿下倾方向驱替,即利用倾斜油层或厚油层的排泄潜能提高重力泄油能力。

2)非混相驱的特征

注入溶剂时,一些溶于油藏流体中,一些保留为上相,因此形成两相体系。形成的上相向前运移,与更多的油藏流体接触,从油藏流体中抽提(萃取)出一些中间烃组分,或原油从溶剂中抽提一部分中间烃组分。

上相抽提的组分不足以在排驱前缘或后缘达到混相:由于高的流度,上相继续在前面流动,一些溶解于液相(油藏流体),更多的是从原油中抽提或从上相凝析中间烃组分,但永远达不到单相体系;上相流体早期突破,因此原油采收率很低。

3. 适于注烃气开发的油藏特点

从技术可行性考虑,一般适于注气开发的油藏具有以下特点:(1)储层泥质含量过高,注水开发易引起水敏的油藏;(2)油层束缚水饱和度高,注水效果不好的油藏;(3)一般稠油油藏;(4)裂缝不发育,不易引起气窜的均质油藏;(5)薄油层。

4. 现行注烃非混相驱项目基础资料统计

目前,任何向油层中注气的开采方式所遇到的最大问题是气源问题。但是油田伴生气相当丰富,于是很多油田采用主伴生气的方式提高原油采收率,其中包括主烃混相驱和非混相驱。一般注烃混相驱的效果好于非混相驱。但是由于地层条件、流体性质以及现场工艺的限制,混相驱是很难实现的。绝大部分只能采用非混相驱,但到目前为止还没有一个适合注烃非混相驱油藏的标准。

为了进一步明确适合注烃非混相驱油藏的实际特征,调研了国内外注烃非混相驱成功的现行项目,并进行了归纳总结,得出了注烃非混相驱油田的油藏参数和流体性质等基础参数(表8-4)。

表 8-4 国内部分油田油藏参数和流体性质等基础参数

油田名称	面积 (km^2)	孔隙度 (%)	渗透率 (mD)	井深 (m)	原油密度 (g/cm^3)	黏度 (mPa·s)	油层温度 (℃)
大庆油田	—	13.1	3.5	1500~2200	0.8581	3.3	90
安塞油区	—	11.7	0.97	—	0.84~0.85	2~3	45
靖安油田	—	12.8	1.81	1890	0.7679	2	54.39
克拉玛依油田五$_2$西区	8.55	13.2	0.06	1750	0.75~0.8231	0~1	—
南翼山油田	—	12	<2	—	0.82~0.83	—	65
中原文南油田文72块	7.8	14~18	1~35	2900~3250	0.6488	245	120~140
文南油田文88块	4.1	18.1	6.4	3300	0.5029	0.136	130~145

5. 注烃非混相驱的筛选准则

由于目前还没有一个适合注烃非混相驱油藏的筛选标准，因此在充分调研内外注烃混相驱现行项目的基础之上，提出了新的适合注烃类非混相驱的油藏筛选准则（表 8-5），希望能够给各大油田的现场实践提供借鉴。

表 8-5 注烃类非混相驱的油藏筛选准则

原油	建议值	现行项目范围
相对密度	<0.95	0.5029~0.9279
黏度（mPa·s）	<6	<4
平均渗透率（mD）	无限制	>0.06
深度（m）	>1200	1750~4415.3
孔隙度（%）	≥5	5~20
油层温度（℃）	<145	45~145

6. 结论

（1）调研了国内外注烃非混相驱成功的现行项目，并进行归纳总结，得出了注烃非混相驱油田的油藏参数和流体性质等基础参数。

（2）提出了新的适合注烃类非混相驱的油藏筛选准则，希望能够给各大油田的现场实践提供借鉴。

（3）一般注烃混相驱的效果好于非混相驱。但是由于地层条件、流体性质以及现场工艺的限制，混相驱很难实现，只能采用非混相驱。

第三节　化学驱技术——表面活性剂驱

前面已经分析了适合低渗油田提高采收率的化学驱的方法主要有表面活性剂驱，因此本节围绕化学驱展开分析。

表面活性剂驱于20世纪50年代开始室内研究，60年代开始石油磺酸盐投井使用，效果尚可，但不能抗盐，故时有失败。目前已能生产出适用于各种油层条件下进行化学驱的表面活性剂，并已合成出可抗高温、高盐的优质表面活性剂及更为稳定的聚合物，表面活性剂驱在三次采油中得到广泛应用，尤其是对稠油和含蜡原油的开采，成效很大。

表面活性剂的主要驱油机理之一是改变油、水、岩石之间的界面性质，达到启动被圈闭的残余油油滴，使其重新运移。

油水之间的界面性质主要包括三个方面：界面张力、界面黏度和界面电性。其中界面张力研究较为深入。

油水之间的界面张力是油滴被圈闭，形成剩余油的主要原因之一。降低油水之间的界面张力也是启动被圈闭的残余油油滴，使其重新运移的主要方法。

通常认为，当油水之间界面张力降低到10^{-3}mN/m时，才能有效地将残余油驱出，所以这是筛选驱油体系配方的重要标准之一。

一、表面活性剂的定义

能够由溶液中被吸附到油水界面，并能显著降低油水界面自由表面能（表面张力）的物质，叫做表面活性物质。

表面活性剂分子一般是不对称的，具有一定的双亲结构，它包含对水有亲和性的极性亲水基团和对烃类有亲和性的非极性憎水烃链。

被吸附到油水界面的表面活性剂形成一个单分子层的界面膜，界面膜的表面活性剂分子排列是定向的。极性部分向水相，非极性的憎水端向着油相。

二、驱油用表面活性剂要求、种类及驱油方式

使用表面活性剂水溶液可以降低油与水的界面张力，增加洗油能力。一般认为，能使原油采收率大幅度提高的表面活性剂应具有以下条件：（1）可使原油与水

的界面张力降至最低程度，0.01～0.001mN/m 以下，具有适宜的溶解度、pH 值、浊点和相持性；(2)可降低岩层对原油的吸附作用；(3)于储油岩层的温度下，在油层盐水中长时间保持其理化稳定性，耐盐性好，对电解质不敏感；(4)能与大部分的储油层接触，提高驱油率；(5)具有较高的经济价值。

驱油效果除与表面活性剂本身的特性有关外，还与原油、岩层、盐水状况及所用的采油工艺等有关。

在驱油中，常用的表面活性剂类型有阴离子型化合物和非离子型化合物。

阴离子型表面活性剂优点是浊点很高，在砂岩表面上吸附量少，但抗盐能力差，临界胶束浓度很高。常用品种有：石油磺酸盐、烷基苯磺酸盐、木质素磺酸盐等。

非离子型表面活性剂优点是抗盐能力强，临界胶束浓度低，但浊点低，不能用于超过其浊点的地层。目前通过改性的非离子型表面活性剂既具有以上优点，同时浊点也很高，抗盐能力更强，适用于高温、高盐地层。常用品种有：脂肪醇系聚氧乙烯醚、烷基酚系聚氧乙烯醚、油酸聚氧乙烯酯等。

阳离子表面活性剂因易被地层吸附或产生沉淀，故降低油水界面张力的能力差，一般不适于配制二次或三次采油的胶束。

在三次采油中，表面活性剂驱往往不是使用一种表面活性剂，而是由复合表面活性剂、聚合物和助剂等组成的配合体系，只有互相配合才能提高石油的采收率，如使用水溶性的石油磺酸盐驱油，可以与少量增溶助剂二烷基苯聚氧乙烯烷基磺酸盐混合，提高驱油效率。

表面活性剂驱根据所采用的体系不同，可分为活性水驱、碱水驱、胶束溶液驱、微乳液驱、泡沫驱、增稠水驱、正向异常液驱等方式。

三、表面活性剂的作用机理

(1)油水界面张力降低。在低界面张力条件下，油滴容易变形，能够通过喉道向前运移。同时，表面活性剂可使选择性润湿角变小，即可使水对岩石的润湿性增强。

(2)减小岩石表面对原油的束缚能。在润湿角减小和低界面张力的联合作用下，岩石表面对原油的束缚能大大减小(为原来的 1/6～1/10)。可以根据原油在岩石表面上附着功的降低，来判断束缚能的变化。原油在岩石表面的附着功为：

$$W=\sigma(1-\cos\theta) \tag{8-2}$$

式中 W——附着功；

σ——界面张力；

θ——选择性润湿接触角。

可以看出，界面张力的降低和接触角的减小都使附着功减小，从而降低了岩石表面对原油的束缚能，使原油更容易运移。

（3）洗涤岩石表面上的油膜，使油膜破裂、运移。

（4）表面活性剂被吸附到油水界面，排除了原油活性组分形成的刚性膜，促使毛细管中油水弯月面发生变形。

（5）在表面活性剂的作用下，原油在水中的分散作用（乳化）强烈，使较大的油滴分散为更小的油珠，容易通过细小喉道。

（6）油滴尺寸的减小、油滴聚并能力的减弱和原油在岩石表面黏附的概率降低，导致多孔介质对油和水的有效渗透率提高。

上述多种因素的共同作用，既可以提高驱油效果——提高驱油效率，提高微观波及效率，从而提高采收率，又能够降低注水压力和耗水量。

四、表面活性剂驱的驱油特征

当稀表面活性剂体系注入地层后，由于表面活性剂与地层油藏及油藏流体的相互作用，降低了油水界面的张力，改变了油的乳化特性，同时也改变了地层岩石表面的润湿性，这样一方面可以形成较稳定的油水乳状液，另一方面还可减小油对地层表面的黏附力，提高了洗油能力。另外由于乳化油在向前移动中不易重新黏附回地层表面，而且阴离子表面活性剂的作用增加了油珠和地层岩石表面的静电斥力，使油珠易被驱替介质带走，提高了洗油效率。随着从地层表面洗下来的油越来越多，向前移动时可发生相互碰撞并形成油带，油带在向前移动时又不断将遇到的分散的油聚并进来，使油带不断扩大，最后从油井采出。

表面活性剂驱完全不同于聚合物驱，其驱油机理不是通过增加驱替液的黏度、增加波及体积以提高驱油效率，而是通过改变原油的乳化性能，降低油水界面张力，降低残余油饱和度，提高洗油效率，提高采收率。聚合物驱主要通过对注入水的稠化，增加水的黏度和在孔隙介质中的滞留，减小孔隙介质对水的渗透率，达到减小水油流度比，增加波及系数，驱替水驱后未波及的可流动油，从而提高原油采收率。但聚合物驱不能提高原油的可采储量。而表面活性剂驱主要驱替水驱后油藏地层内的各种不流动的残余油，从而提高原油的可采储量。实验结果表明，无论对大庆油田还是胜利油田，聚合物驱后再用表面活性剂驱均可进一步提高采收率，这意味着聚合物驱之后仍可用表面活性剂进一步强化采油，提高采收率。最新的研究成果表明，聚合物驱在一定程度上也可提高微观驱油效率，即利用具有黏弹性的聚合物液体驱替时，可一定程度地降低水驱后的残余油（不流动油），但毕竟残余油的降低程度有限，详细的机理还有待进一步研究。

五、高效、廉价驱油表面活性剂的研制

成功开展表面活性剂驱以及与表面活性剂有关的其他驱油技术的关键在于研制开发廉价、高效的表面活性剂。目前国内已开发了石油磺酸盐、烷基苯磺酸盐、石油羧酸盐以及生物表面活性剂等四大类表面活性剂。但综合考虑各种表面活性剂的生产工艺和过程,表面活性剂的成本仍较高,使得表面活性剂驱以及三元复合驱体系成本较高,这正是国际上表面活性剂驱及其相关驱油技术处于低潮的根本原因。因此,在表面活性剂合成及生产方面,研制高效、廉价、质量稳定、工艺可靠的驱油表面活性剂乃是今后驱油用表面活性剂的发展方向。中国石油勘探开发研究院油田化学所长期以来致力于高效、廉价驱油表面活性剂的研究,完成了"九五"国家重点科技攻关课题"新型、高效、廉价驱油表面活性剂烷基苯磺酸盐的研制"。目前开展的使用来源广泛、价格低廉的大庆渣油为原料制备化学驱用表面活性剂的研究,其目的是通过降低原料的成本以及简化合成工艺大幅度降低化学驱用表面活性剂的生产成本。与华北油田有关单位合作进行的 EC 系列表面活性剂的改进工作也是在高效、廉价的基础上进行的,这种改进型表面活性剂体系是一种由阴离子、非离子表面活性剂及助剂等组成的高效、廉价驱油用表面活性剂。

六、表面活性剂驱的发展趋势

由于三次采油技术的复杂性以及油价和表面活性剂用量等问题,大大影响油田表面活性剂驱技术的推广,但应当看到,表面活性剂驱在三次采油中的巨大潜力和广阔的应用前景。

1. 廉价表面活性剂的开发应用

采用工业表面活性剂进行化学驱油,用量较大,用这些药剂配制的驱油液,用量为孔隙体积的1/10~1/2,且采出液还要进行后处理,有二次采药剂问题,故采油成本高,因此要不断开展廉价表面活性剂新来源的研究,如对油脂工业副产混合羧酸盐、造纸工业副产碱木素及各种糖脂发酵液的开发和利用。

2. 新型表面活性剂的应用

新型表面活性剂的应用是提高石油采出率、降低成本的有效方法之一,目前新型表面活性剂类型主要有生物表面活性剂、两性离子表面活性剂、高分子表面活性剂及含氟表面活性剂等。如石油勘探院廊坊分院渗流所研究出低界面张力生物表面活性剂(LITP)鼠李糖脂溶液,能使油水界面张力降至 0.02mN/m,其驱油效率比水驱高出25%,且乳化性、耐温性皆良好,是一种很有潜力的新型表面活性剂。随着对稠油油藏、滩海油藏及深层油藏的逐步开发,人们将研制出更多的能在各种苛

刻条件(高温、高盐、强剪切等)下应用的新型表面活性剂。

3. 表面活性剂驱助剂的开发和应用

单一的表面活性剂用于驱油,其采收率往往不高,主要原因有两个:一是表面活性剂易被岩层吸附或与钙离子反应生成沉淀而造成表面活性剂损失;二是由于岩层表面润湿性不好,使驱油的波及系数不大。添加助剂可使这一情况得以改善,如在表面活性剂驱中加入聚磷酸盐能降低表面活性剂的滞留损失;使用薄膜扩展剂(环氧烷基酚醛树脂,简称 TFSA),可以改变岩层表面的润湿性能,提高石油采出率。辽河油田钻采工艺研究院于 1989 年开始 SY 薄膜扩展剂(结构与 TFSA 类似)应用研究,单井采收率明显提高 30% ~40%;另外还可添加一些多元羧酸或木质素磺酸盐做牺牲剂,注入地下油藏,使之抢先覆盖于可能的吸附点,从而降低对昂贵化学试剂的吸附程度,提高了表面活性剂的使用效率。

4. 表面活性剂驱新工艺的开发

随着油藏情况的变化和对表面活性剂驱油机理研究的深入,表面活性剂驱的工艺将不断改善,以期获得更高的石油采出率和更低的采油成本。

1)多元复合驱应用

单纯采用表面活性剂驱,因其本身的缺陷(如耐温、耐盐性能差等),限制了其应用范围。使用两种或两种以上化学驱油主剂的驱油方法称为复合驱,与表面活性剂驱有关的复合驱主要有:表面活性剂 + 聚合物的稠化表面活性剂驱,碱 + 表面活性剂的碱强化表面活性剂驱,碱 + 表面活性剂 + 聚合物的三元复合驱。复合驱通常比单一的驱动有更高的采收率,而三元复合驱较二元复合驱性能更优越。大庆石油管理局勘探开发研究院在大庆油田实际条件下研制了 NaOH 或 Na_2CO_3 + 石油磺酸盐(PSD - 2、C - 100 或 ORS41) + 聚丙烯酰胺 1275A 三元复合驱配方,其界面张力仅为 10^{-3}mN/m,在大庆油田天然岩心的采收率比水驱提高 20%,部分配方已进场试验,取得了初步效果。

2)操作方法的改进

表面活性剂驱除上文介绍的方法外,根据油田实际情况对其加以改进,以减少表面活性剂的需求量,提高三次采收率。如在表面活性剂驱的驱油过程中注入蒸汽,蒸汽的注入可降低稠油的黏度,同时改善岩层的润湿性能,从而取得更好的采油效果。又如胶束溶液驱时,由于胶束段塞三次采油效率主要取决于驱油过程中保持单相的能力,可根据相图确定的平衡胶束相把胶束段塞分级(或分段),形成由高含油和高含水段塞组成的复合段塞,以两级或多级交替注入,这种组合提高了胶束的稳定性,通过使用多级胶束段塞代替常规单一段塞可进一步提高胶束的驱油效率。

第九章

低渗透油田储层保护技术

油田在勘探开发的各个环节均可造成低渗透层油层伤害。究其原因,均属油层本身的潜在伤害因素,它包括储层的敏感性矿物、储渗空间、岩石表面性质及储层的液体性质等。外在条件发生变化时,包括钻开油气层、射孔试油、酸化、压裂等,储层不能适应变化情况,就会导致油层渗透率降低,造成油层伤害。对低渗透油层特别强调油层保护并不是因为这类油层比高渗透油层更易受污染,而是因为低渗透油层自然渗透能力差,任何轻微的伤害都会导致产能的大幅度降低,因此,低渗透油层的油层保护尤为重要。

第一节　确定合理生产压差

注水开发油田是为了保持一定的地层压力注采比。对于合理注采比问题情况比较错综复杂的计算方法,这里仅作简要讨论。

要研究注采比与地层压力的关系,首先要进一步了解地层压力的概念。全面看地层压力应包括三部分,即注水井平均地层压力、油井平均地层压力和全油田平均地层压力。而现在通常所讲的油田地层压力一般都是指油井的平均地层压力。

注采比与地层压力的关系不仅仅只是表现在注采比绝对值大小上,还与绝对注入量和采出量、油层性质和流体性质等因素密切相关。

从上述分析可以看出,仅研究注采比与油井地层压力关系,其反应不是非常灵敏和规律的,只能有大致的趋势和界限。

从物质平衡原理和流体动力学基本规律分析,油田从投产投注开始,注采比与地层压力存在以下的关系规律：

(1)当注采比小于1时，油井地层压力一直连续下降，随着时间的延长，下降速度减缓。注水井地层压力开始有所上升后下降。

(2)注采保持平衡，即注采比等于1时，油井地层压力也要逐渐下降，低于原始地层压力，注水井地层压力逐渐上升，高于原始地层压力，到一定时间后，两者均趋于稳定。

(3)注采比大于1时，油井地层压力一直连续下降，随着时间的延长，下降速度减缓。注水井地层压力逐渐上升，高于原始地层压力，从油田实际开发动态观察分析一般油层渗透率高的油田。

油层压力对注采比的反应比较灵敏，关系比较规律，和理论计算比较接近。低渗透油田情况则大不一样，地层压力对注采比的反应很缓慢，而且二者之间规律性也比较差。

一般油层渗透率高的油田，年(或月)注采比一般要提高到1以上，甚至到2，地层压力才能稳定回升。但对于裂缝性砂岩油田要特别注意，注采比不能过高。地层压力恢复不能过快，以免由于注水压力过高，注水强度过大，而造成油井暴性水淹，反而降低油田开发效果。例如非裂缝性、特低渗透的大港马西深层油藏，1981年开始注水，至1985年注采比都在1.0以下，地层压力连续大幅度下降，由原始的56.64MPa降为35.8MPa，1986年注采比都在1.0以上，1990年提高到2.0，1990—1991年最高达到3.0，累积注采比也达到1.0，地层压力也只能保持到稳定程度，仍然低于原始地层压力，但油田开发状况还比较正常。

裂缝性、特低渗透的新立油田注采比提高后问题比较严重。为了恢复地层压力和增加液量，新立油田1989—1992年注采比提高到2.0～3.0，累积注采比也达到1.5以上。地层压力虽有所恢复，从1987年的7.59MPa上升到1993年上半年的9.35MPa，但由于注入压力太高，超过油层破裂压力，致使泥岩段地层大量吸水，套管严重损坏，油井含水上升加剧。据1992年油田动态分析，1991年见水的111口油井，1991年12月含水率为57.3%，1992年12月就上升到67.8%。1992年新见水的32口油井，年底含水就达到35.6%；注水井共发现套变井85口，占总注水井数的72%。

从上述分析对比可以看出，对于一般低渗透油田，为了恢复地层压力、提高油井产量和改善油田开发效果，注水压力和注采比可以适当提高，可以在油层微破裂情况下注水，注采比可以提高到2.0左右，但对于裂缝性低渗透油田则要特别注意，要严格控制注水压力不能超过地层裂缝张开和延伸压力，以防止大量产生套管损坏和油井暴性水淹等严重问题。

第二节　确定适合的注入水质和注水强度

一、建立合理的工作制度

在临界流速下注水。室内速敏实验已求出油气层的临界流速，根据该流速可以计算出与之相应的生产中注水临界速度。一般而言，只要控制注水速度在临界流速以下，可防止速敏损害发生。

控制注水、注采平衡可以有效地防止水指进或减缓指进、水锥的形成，防止乳化堵塞，提高驱油效果。

二、控制注水水质

前面已经讨论了要控制注入水引起的油气层损害，必须从控制注入水水质入手，因此注入水入井前要进行严格的注入水水质处理。

注入水水质是指溶解在水中的矿物盐、有机质和气体的总含量，以及水中悬浮物含量及其粒度分布。水质指标可分为物理指标和化学指标两大类。通常，物理指标是指水的温度、相对密度、悬浮物含量及其粒度分布、石油的含量。注入水的化学指标是指盐的总含量、阳离子（如钙、镁、铁、锰、钠和钾等）的含量、阴离子（如重碳酸根、碳酸根、硫酸根、氯离子、硫离子）的含量、硬度与碱度、氧化度、pH 值、水型、溶解氧、细菌等。对于某一特定的油气层，合格的水质必须满足注入水与地层岩石及其流体相配伍的物理和化学指标。

一般注入水应满足以下要求：(1) 机械杂质含量及其粒径不堵塞喉道；(2) 注入水中的溶解气、细菌等造成的腐蚀产物、沉淀不造成油气层堵塞；(3) 与油气层水相配伍；(4) 与油气层的岩石和原油相配伍。

目前，我国有关部门已制定了注入水水质标准，表 9－1 就是我国石油工业不同时期制定的碎屑岩油田注入水水质标准。

要强调的是，不同的油气层应有与之相应的合格水质，切忌用一种水质标准来对所有不同类型的油气层的注入水水质进行对比评价，中国石油天然气总公司推荐的注入水水质指标（表 9－1）不宜笼统地应用于中、低渗的油气层，而是要针对不同的油气层使用不同的注入水水质标准。因此，制定出一整套水质保障体系是技术的关键，表 9－2 列出了某油田采用的水质保障体系。

三、正确选用各类处理剂

各种水处理添加剂如防膨剂、破乳剂、杀菌剂、防垢剂、除氧剂等，许多都具有表面活性。在注入水水质预处理时应考虑两个原则:(1)选用每种处理剂时,严格控制该剂与地层岩石和地层流体的相溶性,防止生成乳状液及沉淀和结垢,伤害地层;(2)同时使用几种处理剂时,严格控制处理剂相互之间发生的化学反应,防止生成新的化学沉淀,从而伤害地层。

表 9-1 我国石油工业不同时期注水水质标准统计表

指标		20 世纪 50 年代	《采油技术手册》(1977 年 6 月)	《油田开发条例》(1979 年 6 月)	《油气田地面建设规划设计》(1979 年)	《油田注水设计规定》(1983 年)	《油田注水系统规定》(1985 年)	SY 5329—88 标准(1998 年) 注入层渗透率(D)		
								<0.1	0.1~0.6	>0.6
悬浮固体	浓度(mg/L)	<2	<2	<2	<2	<2	2~5	≤1.0	≤3.0	≤5.0
	粒径(μm)	—						≤2.0	≤3.0	≤5.0
含油量(mg/L)		—	<10	—	—	<30	<30	≤5.0		≤10.0
溶解氧(mg/L)	总矿化度<5000mg/L	—	<4.0	<1.0	<1.0	—		<0.5		≤0.5
	总矿化度>5000mg/L							<0.05		≤0.05
平均腐蚀率(mm/a)		—	—	—	—	0.076~0.125		≤0.076		
总铁(mg/L)		<0.5	<0.5	<0.5	<0.5	<0.5	<0.5	≤0.5		
游离二氧化碳(mg/L)		—	—	<0.5	<5	—	—	≤10		
硫酸盐还原菌(个/mL)		—	<5	<5	<5	—	<100	$<10^2$		
铁细菌(个/mL)		—	<100	<100	<100	—		—		
腐细菌(个/mL)		—	<200	<200	<200	—	<100	$<10^2$	$<10^3$	$<10^4$
硫化物(S^{2-})(mL)		—	—	—	—	—	<10.0	<10.0		
pH 值		—	—	6.5~8.5	—	—	-1			
膜滤系数(MF)		—	—	—	—	>15	>15	≥20	≥15	≥10
结垢率(mm/a)		—	—	—	—	<0.5	<0.5	—		

表9-2 某油田注入水水质保障体系

序号	工序	操作要点
1	沉降与过滤	水源水经充分沉降后,再进行二级精细过滤,确保悬浮物含量和总含铁量低于过滤前含量并且达标
2	密闭	采用全密闭系统,减少避免投药的曝氧,沉降罐、大罐等采用封顶隔氧
3	除氧	由于水源水氧含量高且未进行脱氧,致使油田注入水含氧量严重超标,并且引起其他指标也超标,因此油田注水站必须装备机械除氧装置,并附加化学除氧
4	防腐	保证油田注入水含氧量达标,是减少管线设备腐蚀的一个重要措施,另外沉降罐等采用涂料及阴极保护技术,管线采用内防腐及投加缓蚀剂等进行防腐
5	防菌与杀菌	采用清洗系统,注入井返排及定期反冲洗过滤器等工艺进行防菌,采用投加化学杀菌剂的方法杀菌
6	防垢	投加防垢剂和黏土稳定剂进行防垢与防止地层损害
7	投药与监测	某联合站目前已暴露出这方面的问题,油田注水站应做到:(1)投药前必须进行产品质量检测,不合要求的坚决不用;(2)尽可能减少投药时曝氧;(3)必须先过滤掉药溶液中的机械杂质后,方可将药溶液进行精细过滤;(4)药剂使用后必须进行效果监测
8	设备的管理与维修	设备尤其是精细过滤设备等的管理与维修必须规范化、标准化,联合站精细过滤后水质变差,就表明精细过滤设备处于不良工作状态
9	水质检测	水质监测是保证注入水系统达标的主要检测手段,必须规范化、标准化,做到定时监测各主要取样点的各项水质,同时注意取样方法与分析方法的统一规范
10	岗位培训	人员素质是保证注水系统正常运转、注入水水质正常达标的关键,因此上岗人员必须懂得水质标准及其岗位责任

一旦油气层发生伤害,一般难以完全消除。目前常用以下两种消除方法。

(1)使用表面活性剂浸泡。回注表面活性剂到地层,并用回流帮助浸泡,使油润湿反转复原为水润湿,恢复地层相对渗透率。向地层注入破乳剂使乳状液破乳。由于油、水分散,解除了乳状液的堵塞,故使降低了的相对渗透率复又回升。这种方法一般称为化学解堵。

(2)化学除垢。目前国内外采用的除垢剂有若干种,不同的水垢应采用不同的化学除垢剂。水垢大致可分为三类:一类是水溶性水垢;二类是酸溶性水垢;三类是化学不活泼的水垢。前两类常使用相应的化学除垢剂来消除水垢;后者常因水垢既不溶于水也不溶于酸,而用化学方法难以收到预期效果,因此采用机械方法除垢。常用的消除水垢的机械方法有爆炸、钻磨、扩眼、补孔等。目前，现代物理方法如核磁共振、超声波振荡等也开始被考虑用于解堵。

第三节　油层改造注入液的要求

一、酸化作业中保护油气层技术

根据酸化作业中造成油气层损害的原因及方式，采用下列方法对油气层进行保护。

1. 选用与油气层岩石流体相配伍的酸液和添加剂

针对具体油气层，采用与之相适应的保护技术，是油气层保护系列技术的特点之一。对于酸化作业这一“针对性”特点，举例如表9－3所示。

表9－3　酸液和添加剂的选择

油气层岩性特点	与之配伍的酸液或添加剂	保护油气层目的
碳酸盐岩	不宜用土酸	避免生成氟化钙沉淀
伊－蒙间层矿物含量高	必须加防膨剂	抑制黏土膨胀、运移
绿泥石含量高	适当加入铁离子稳定剂	防止产生氢氧化铁沉淀
原油含胶质、沥青质较高	采用互溶土酸（砂岩）	消除或减少酸渣生成
砂岩地层	不宜用阳离子表面活性剂破乳	避免地层转为油润湿，降低油的相对渗透率
高湿地层	耐高温缓蚀剂	避免缓蚀剂在高温下失效

实际油气层类型繁多，在选择使用与之相配伍的添加剂和酸液时，必须考虑酸液、添加剂、地层水、岩石、地层原油之间的配伍性，达到不沉淀、不堵塞，不降低油气层储、渗空间，有利于油、气采出的目的。同时应尽可能降低成本。

2. 使用前置液

前置液的作用有以下四个方面：

(1)隔开地层水。一般前置液使用15%左右浓度的盐酸，它可以防止氢氟酸(HF)与地层水接触生成不溶性的氟化钙(CaF_2)沉淀，在砂岩地层中，它可以防止氢氟酸与之反应生成氟硅酸，然后氟硅酸与地层水中的K^+、Na^+等反应生成氟硅酸钾(K_2SiF_6)、氟硅酸钠(Na_2SiF_6)等沉淀。

(2)溶解含钙、含铁胶结物，避免浪费昂贵的氢氟酸，并大大地降低氟化钙沉淀的形成。

(3)使黏土和砂子表面为水润湿,减少废氢氟酸乳化的可能性。

(4)保持酸度(低 pH 值),防止生成氢氧化铁[$Fe(OH)_3$]、氢氧化硅[$Si(OH)_4$]沉淀。

3. 使用合适的酸液浓度

由于酸化作业本身的工作原理限制,选择合适的酸液浓度是保护油气层的重要技术指标之一。

当酸液浓度过高时,会溶解过量的胶结物和岩石的骨架,破坏岩石结构,造成岩石颗粒剥落,引起堵塞。如土酸中氢氟酸浓度过高,在岩石表面形成沉淀,并且大量溶解砂岩的胶结物,使砂粒脱落,破坏其结构,造成地层出砂,严重者引起地层坍塌造成砂堵。

当酸液浓度过低时,不仅达到酸化的目的,还会产生二次沉淀,因此,当选用与岩石及流体配伍酸液类型后,选用合适的酸液浓度是同等重要的。

4. 及时排液

残酸在油层中停留时间过长,会造成二次沉淀,结垢堵塞地层。因此,必须及时排除残酸。目前采用排液的方法很多,常用的有:抽吸排液、下泵排液、气举排液、液氮排液等。

酸化的保护措施贯穿于酸化作业每一个环节,技术关键是选择配伍的酸液、添加剂和及时排液。

二、压裂作业中保护油气层技术

1. 选择与油气层岩石和流体配伍的压裂液

根据被压裂的油气层的特点,有针对性地选用压裂液,表 9-4 列举几例说明。

表 9-4　有针对性地选择压裂液

油气层特点	选用压裂液	添加剂及其他
水敏性油气层	油基压裂液 泡沫压裂液	防膨剂
低孔低渗油层、返排差的油层	无残渣或低残渣压裂液 滤失量低的压裂液 返排能力强的压裂液	表面活性剂
高温油层	耐高温抗剪压裂液 密度大、摩阻低压裂液	满足经济成本要求

2. 选择合理的添加剂

对不同的压裂要求,采用适当的添加剂。表9－5对此进行举例说明。

在使用添加剂时,应考虑两点:(1)添加剂之间不发生沉淀反应,以避免生成新的沉淀堵塞孔喉和裂缝;(2)成本合理。

表9－5　添加剂性能举例

添加剂	性能
pH值调节剂	pH值1.5～14 控制增稠剂水解速度、交联速度,控制细菌生长
降滤失剂	控制压裂液滤失量 提高砂比 防止水敏性储层、泥岩、页岩黏土的膨胀和迁移
降阻剂	水基压裂液用聚丙烯酰胺瓜尔胶 油基压裂液用脂肪酸皂、线性高分子聚合物
黏土稳定剂	KCl、NH_4Cl为无永久防膨性不耐碱水,建议采用具有永久防膨性的聚季铵
冻胶稳定剂	5%甲醇 硫代硫酸钠 调高pH值
破胶剂	淀粉酶、过硫酸铵
防乳、破乳剂	AE169－21 } 油包水型 HD－3 (用乙烯胺作引发剂)
防泡及消泡剂	异戊醇 二硬脂酰乙二胺 磷酸三丁酯 烷基硅油 8812、J350、8001
杀菌剂	甲醛、BS、BE115、硫酸铜

3. 合理选择支撑剂

支撑剂的要求:(1)粒径均匀;(2)强度高;(3)杂质含量少;(4)圆球度好。

对于浅层,因闭合压力不大,使用砂子作支撑剂是行之有效的。在油气层条件下用实验方法确定满足压裂效果的粒径及浓度。深度增加随之闭合压力也增加,砂子强度逐渐不能适应。研究表明，在高闭合压力下，粒径小的比粒径大的砂子有较高导流能力，单位面积上浓度高比浓度低的有较高的导流能力。因此，可采用较小粒径的砂子，多层排列以适应较高闭合压力的油气层压裂。对于更高闭合压力的油气层，只有采用高强度支撑剂，例如使用陶粒。近年发展的超级砂，它是在砂子或其他固体颗粒外涂上（或包上）一层塑料，这是一种热固性材料，在油气层温度下固化。这种支撑剂虽在高闭合压力下会破碎，但能防止破碎后所产生的微粒的移动，仍能保持一定的导流能力。

现场应用表明，陶粒作为支撑剂其几何形状（圆度、球度）或强度都比较理想，而且耐高温（可达200℃），抗化学作用性能好，用于油气层压裂措施可大大减少由于支撑剂性能不好所带来的油气层及支撑裂缝的损害。

第十章

国外低渗透油田开发实例

目前，世界范围内的低渗透油藏开发技术取得了较快的发展，但低渗透储量的动用程度较低，只有储层条件好、埋藏浅的低渗透油藏才得到有效开发。与中高渗油气田相比，低渗透油气田要克服储层伤害问题和经济效益问题，本章简要介绍了美国 Sprayberry 油田和雷来/哈斯顿油田的开发情况，仅供参考。

第一节 美国斯普拉柏雷油田的开发

一、油田概况

斯普拉柏雷油田(Sprayberry)位于美国得克萨斯州米德兰盆地，发现于 1948 年，已证实含油面积 6475km^2，原始原油地质储量为 13.7×10^8t。属于低孔隙度、低渗透率致密裂缝性砂岩油藏，裂缝对于油田的生产有明显的作用，定向取心和水平钻井表明，全油田存在多条规则分布的北东方向的裂缝。斯普拉柏雷油田由上斯普拉柏雷层、下斯普拉柏雷层和 Dean 层组成。油藏埋藏深度为 2121 ~ 2727m，油层总厚度 454m。在 1 ~ 2m 厚的单层粉砂岩中，垂直裂缝发育，裂缝宽度为0.005 ~ 0.325cm，裂缝间距 2.1 ~ 10.2cm，有的垂直裂缝延伸达 33m。油藏原油的 98% ~ 99% 分布在致密的砂岩孔隙内，原油产量的 95% 从裂缝排出。储油层平均厚度为 67 ~ 79m，平均孔隙度为 12% ~ 14%，渗透率为 0.1 ~ 0.5mD。斯普拉柏雷油田的原油重度为 35 ~ 40°API。

二、油田开发

斯普拉柏雷油田于 1951 年投入大规模的开发，油田开始采用正方形井网开发，压裂后初产量为11.76～134.4t/d。到1952年底，油田的生产井数达到2200多口，月产量超过40×10^4t。1952年下半年，产量突然下降，气油比升高。在一次采油阶段，一般油井的有效寿命为1～1.5年，产量月递减速度在第5个月为7.5%，在第20个月为15%，此时油田已经达到经济极限。20世纪60年代，为了改善油田开发效果，从1952年开始注水实验，并于1961年4月开始实施大规模的注水开发。采用高速注水的结果表明，由于裂缝的存在，注入水很容易造成水窜，连续注水并没有达到预期的增产效果。在这种情况下，提出了周期注水的措施，并大规模地采用。周期注水方法的实质是首先向油层注水保持油层压力，然后停止注水，连续开采几个月后再注水。实践表明，周期注水方法的采油速度比普通注水时的采油速度高50%。但是，从总体情况看，油田的经济效益较差，该油田是20世纪50年代世界上最大的没有经济效益的油田。

20世纪70年代，油田开发活动几乎处于停止状态。80年代，斯普拉柏雷油田开始钻加密井，一直到90年代，不断地在该油田钻加密井。

1993—2000年，共钻加密井1700口。加密井的初始产量为30～50bbl/d，初始产量呈双曲形递减，递减速度为50%～90%，第二阶段的递减速度为8%～10%。

由于采取了降低成本的措施，钻加密井获得了经济效益。根据统计，每口加密井的平均钻井、完井、压裂、泵和设备的安装成本为(30～50)万美元。另外，降低操作成本也是油田获得经济效益的关键，通过将采出水运到外面处理使污水处理成本降低0.15美元/bbl，每天可以节省污水处理成本25万美元。通过采用计算机自动化管理方式，减少停泵时间和故障，延长免修期，以降低抽油成本。自1997年以来，人工举升成本从原来的4.97美元/bbl降低到2.10美元/bbl。预计通过操作的优化，可以节省生产成本1.15亿美元。

到目前为止，斯普拉柏雷油田共钻井20000口，其中18000口为采油井，目前还在生产的油井10000多口。累计采出原油11644×10^4t，累计采出天然气$850\times10^8m^3$，占原始地质储量的8%，估计斯普拉柏雷油田的最终采收率为10%～12%。

三、增产作业技术

针对斯普拉柏雷油田渗透率低的特点，所采用的主要增产作业技术为压裂。水力压裂增产花费时间少，特别是射孔完成的生产井，压裂效果较好。多数井由不自喷变为自喷，由低产变为高产。该油田压裂后的初产量为33t/d，月产量超过40×10^4t。大型压裂的效果更好，一般可使3.36t/d的低产井的产量提高到5.96～32.76t/d。

四、油田开发总结

对于斯普拉柏雷油田的开发来说，水力压裂、周期注水、加密井和降低成本在整个油田的开发过程中起到了重要作用。另外，最新的研究表明，通过低压水驱可能比高压水驱的驱油效果好，在今后的油田开发过程中可以采用。

五、提高采收率

为了提高斯普拉柏雷油田的采收率，2001 年 2 月，斯普拉柏雷油田开始采用注二氧化碳混相驱提高采收率，油田操作面积 20acre[1]，地层孔隙度 10%，渗透率 2～138mD，地层深度 2152m，原油重度 38°API，原油黏度 0.7mPa · s，生产井 4 口，注入井 4 口。到 2004 年，二氧化碳混相驱原油产量为 500t/a。

第二节　雷来/哈斯顿油田的开发

一、油田概况

雷来/哈斯顿油藏（Raleigh/Hosston）是一个相对比较小的穹隆背斜构造，被两条主要断层分隔为一个地堑，构成一个东翼区和一个西翼区，这里讨论的雷来油田的开发单元仅限于构造的东翼区。东翼区被一条主要断层与地堑分开，断层倾角为 60°，断距大约为 150m。油气主要聚积在白垩系罗特莎（Rodessa）组、品爱伦（Pine Island）组、贝利（Bailey）和哈斯顿（Hosston）组的许多小层中。主要含油砂层是 3688m、3719m 和 3840m 的哈斯顿砂层。3840m 砂层由上、下两个层段组成。其中上层段由两个薄而致密的透镜状砂岩体组成。虽然在一些油井中射开了这些透镜体砂岩，但在注入井中并不存在，所以在注气方案中认为它们是无效的。3840m 砂层的下层段由平均厚度为 5.5m、面积为 3.286km^2 的产油砂岩组成。大多数井用金刚石钻头钻取了坚硬的哈斯顿产层的岩心。钻穿的有效砂层厚度的 81% 作了岩样分析，精确地确定了油藏基本数据。油藏基本数据如表 10－1 所示。840m 砂层下部层段的岩样，在地面条件下的算术平均孔隙度为 12%。根据实验室岩样测试（在这些测试中，岩样经过内外压力载荷），其计算出的地下平均孔隙度为 10.35%。尽管岩样的平均渗透率为 40.7mD，但渗透率中值只有 3.7mD。因为大部

[1] 1acre = 4046.86m^2。

分岩样是致密的，所以毛细管压力测定表明，该油藏具有很高的含水饱和度。相对渗透率数据表明，在水驱和气驱之后，其残余油饱和度仍然很高。由此得出结论，如果采用非混相驱方法，在原始含油饱和度低于孔隙体积的40%时，原油基本上是不流动的。

电测曲线和岩心分析表明，在油藏的底部和边缘附近地区有一个产水的过渡带。在横剖面上把微电极测井分层状况和取心的有效井段逐米地进行对比。从不同高度上的渗透率与含水饱和度关系曲线确定出，计算的含水饱和度不到60%的砂层，全部都认为是可以产油的。某砂层变成不产油时的高度即为过渡带的顶部。详细确定了整个油藏的过渡带之后，得到了这个非生产层段的平均厚度为4.6m的结果。然后把过渡带从油层有效厚度等值图中扣除出去，就得到了一幅产油砂层等厚图。根据体积分析，该产油层原始含油 $64.8\times10^4m^3$，而非产油层段的过渡带中含有 $27.3\times10^4m^3$ 的原油。表10－1中列出了3840m砂层组的油藏原始流体组成和注入气体的组成。

表10－1　哈斯顿砂层油藏流体及注入气组成(3840m)

组　分	油藏流体样品 [%(摩尔分数)]	分离器气体样品 [%(摩尔分数)]	注入气体样品 [%(摩尔分数)]
N_2	0.51	—	3.53
CO_2	1.19	2.00	1.89
C_1	45.21	81.98	88.20
C_2	7.09	8.47	3.09
C_3	4.61	4.00	1.66
iC_4	1.69	0.96	0.45
nC_4	2.81	1.39	0.68
iC_5	1.55	0.45	0.20
nC_5	2.01	0.38	0.19
C_6	4.42	0.25	0.08
C_{7+}	28.91	0.12	0.03
C_{7+}相对分子质量	190.00	—	—
C_{7+}相对密度	0.8142	—	—

二、油田开发

在3840m砂层中早期完成的生产井都是高产能井，1959年6月共有11口井达到了高峰产量，日产油量为272m^3。1959年9月虽然在这个砂层中又多完井了4口生产井，但其日产油量已经降到了172m^3。油层压力下降了15.66MPa，从而使得油管压力和油井产量大幅度降低。

到1959年9月1日，油层静压力已从39.87MPa下降到24.21MPa，此时累计产油量为78514m^3，累计产水量2376m^3。物质平衡及水侵入的计算表明，在现有压力连通作用下的原油共有$68.36 \times 10^4 m^3$原始地质储量。虽然这个大致证实了通过体积分析求出的从产油砂层得到的原油量($64.71 \times 10^4 m^3$)，但据推断，过渡带中的原油数量并不像体积法求出的那么多，是可以忽略不计的。在此期间，计算进入油层中的水侵量为4848m^3。

到1959年9月1日为止的六个月中，平均日产油量为420m^3，水的平均日侵入量为170m^3。因此，油层压力下降了8.19MPa，接近饱和压力27.31MPa。由此可以得出，如果要使油层压力保持在饱和压力以上，并且产出设计的产油量，就必须向油藏注入某种流体。

选择注气保持油藏压力的理由是：(1)由实验室岩心试验表明，注气开采可以获得较高的采收率；(2)有足够的油田产出气来满足注气方案所需要的最大供气量；(3)边缘油井总产液能力的大幅度下降是由于油井出水而产生的；(4)注气可以减轻从产层表面算起的井筒液柱的重量，并可以提供较低的井间压力梯度，从而使油井保持很长的自喷生产期，由此减少人工举升的需要；(5)已有的高压气处理装置对注气和气举都适用。

三、提高采收率技术及效果

3840m砂层于1960年2月4日开始注气，在一个月之内邻近油井的油管压力开始上升。此后不久这些井的产油量和气油比开始增加。为了便于说明油藏的特征，把油藏分为4个区块。从注入井向外逐个井排之间的油藏作为Ⅰ、Ⅱ、Ⅲ、Ⅳ区块。

注气开始之后，Ⅰ区块产油量停止下降，直到油井出现高气油比之前仍保持稳产。可是在Ⅱ区块中，1960年3月日产油量低于3m^3。直到1960年后半年还没有反应，那时产量似乎开始增加。1961年，Ⅱ区块产油量有相当大的增加，10月达到日产油97.78m^3。直到气油比增加之前产量是稳定的，但有限的集气能力使产油量下降。Ⅲ区块中，注气之前由于压力下降和边水推进，使生产井变成商业边缘井或非商业性的井，只有一口井例外。1962年2月Ⅲ区块日产量降到12.24m^3。1962年后半年Ⅲ区块中的油井开始表现出产能提高，1964年2月这个区块中的7口井日产油129.89m^3。油井动态显著改善的一个例子是派克1号井。这口井原来于1953年3月完成，属于非商业性井。1963年12月，它平均日产油39.43m^3。

到1965年1月,派克1号井已经从3840m砂层采油21031m^3。Ⅲ区块的其他井表现出相同的特点。由于把油藏分为这些区块,我们能够表示出在全部砂层产量曲线上看出来的增产和前缘的特点。

到1964年3月1日产出原油303369m^3,计算由水推进驱替的原油61086m^3,1453m^3是由于产油砂层中压力降落引起膨胀所产出的,240830m^3是由于注气所产出的。

过渡段中的一些不动油的压力上应该是敏感的。但是,因为可动的流体是水,过渡段表现为具较高压缩性的底部水体,在这个范围内考虑了它对产油段的影响。在降压期间如果压力降到18.62MPa以下,可以从过渡段中采出一些释放出的气体。

据估算,用一次采油(枯竭式开采)方式能从3840m砂层中采出$28.62\times10^4m^3$原油,或采收率为原始地质储量的31.9%。原来用Stiles方程估算了注气采收率,其中有一个开发单元使用了95%的原始储量的采收率值。这是由于在实验室中从充砂模型驱替出了95%的3840m产层的流体。在驱替过程中,共注入了1.1孔隙体积的高压分离气(在37.23MPa和125.6℃下)。Stiles方程计算表明,到1969年末,从3840m砂层总共能采出$32.27\times10^4m^3$原油或采收率为49.8%的原始地质储量。很明显,油藏气驱动态要比用这个方法所算出的动态有利得多。1965年2月1日,从3840m砂层中采出的油量已经达到339267m^3,平均日产油量为96.5m^3(表10-2)。这说明注气开采将比用一次采油(枯竭式)所估算的最终开采量多132584m^3原油。到1965年2月1日,累计采出气量为$2.29\times10^8m^3$,累计注入气量为$2.92\times10^8m^3$,累计产水量为131237m^3。

表10-2　哈斯顿砂层组各区块的油藏特征(3840m)

区块	井数	面积(10^4m^2)	体积(10^4m^3)	1960年2月4日开始注气		1965年2月1日	
				日产油(m^3)	累计产油(m^3)	日产油(m^3)	注气增产油量(m^3)
Ⅰ	5	35.6	410.3	80.77	61660	0.00	54797
Ⅱ	5	73.7	610.5	9.54	37229	17.81	89562
Ⅲ	9	103.2	575.9	28.62	4364	78.70	91654
Ⅳ	0	116.1	254.9	0.00	0	0.00	0
总计	19	328.6	1851.6	118.93	103254	96.51	236013

应用以前讨论的方法时,估算产层的原始储量是$64.71\times10^4m^3$,当气驱接近结束时,已经采出了50%以上的石油,还有大量的石油尚待开采。此外,在注气开采

下，除了可以得到高原油采收率外，还可将溶解气储藏起来。因此，大部分采出的溶解气将用于其他保持压力的工程，最后还可出售。

与溶解气伴生的是凝析油。这一部分凝析油可以采出来，并且通过物质转换把增加的中间组分加到产出液体中卖掉。其中更多的凝析油被带入注入气中。据估算，3840m 产层在原始状态下的溶解气中大约含有 44039m^3 丙烷及重组分。因此，地下原始状态下总流体可采出量为 691913m^3。

从 3840m 砂层采出的油量是均匀分布的，把在某一区块中的油井的采油量和原来归于该区块产油砂层中的原油数量之间进行了比较。从第一排油井采出的油量等于Ⅰ区块原始原油地质储量的 82%。从第二排油井采出的油量等于Ⅱ区块原始原油地质储量的 75%。同样，从第三排油井采出的油量等于Ⅲ区块原始原油地质储量的 91%。对于一个较小的油藏来说，不同井排是分不清楚的，不同区块中的采收率具有相同的数量级。

采出量这样均匀的理由之一是，在所有区块中油藏被气所扫过的程度不是相同的。从第二排和第三排油井已经生产到与第一排油井相同的气油比界限，靠外面的区块已经证明采收率逐区块提高。例如最后一排油井，预期采出量中有从内部井排驱替过来而没有被该处的油井截住的原油。而且，由边水驱来的相对更多的原油会从外面井排上的油井中采出来。

1966 年 3 月 1 日以后，油层压力下降，因为其他油田需要气体，油田用于这个油藏保持压力的游离气不足。其结果是油井产油能力下降。个别井的产油量下降到经济界限以下，由于气油比增长而进行了限制。

1966 年 3 月 1 日之前，Ⅰ区块所有油井（5 口）和Ⅱ区块 5 口井中的 3 口井已经达到高气油比（在 890.5m^3/m^3 以上）。其余 11 口井，只有 1 口井达到高气油比，4 口井少量气或还没有见到注入气，其余 6 口井达到最大气油比的范围只有 1603 ~ 6768m^3/m^3，平均约 3918m^3/m^3。

参考文献

[1] 杨学峰,陈守民.鄂尔多斯盆地陕北地区三叠系长2油层压裂改造措施研究[J].石油化工应用,2007,(1):29-31.

[2] 魏斌,陈平,张冕,等.变排量压裂技术及其现场应用[J].石油钻采工艺,2000,22(6):70-71.

[3]《现代油田难动用油气储量探测、油藏开采评价及采油新工艺新技术实用手册》编委会.现代油田难动用油气储量探测、油藏开采评价及采油新工艺新技术实用手册[M].北京:中国知识出版社,2006:887-897.

[4] 万仁溥,罗英俊.采油技术手册(第九分册):压裂酸化工艺技术[M].北京:石油工业出版社,2002:589~610.

[5] 刘新全,刘新生,赵炜.水层或衰竭层上方产层压裂缝高的控制技术[J].国外油田工程,2001.17(9):7-10.

[6] 陈锐.控缝高水力压裂人工隔层厚度优化设计方法研究[D].西南石油大学硕士学位论文,2006.

[7] 韩慧芬,陈明忠,杨淑珍.变排量压裂技术在白马-松华地区的应用[J].钻采工艺,2005,(3):46-47.

[8] 崔显涛,马玉生,焦保富,等.特低渗油田水力压裂参数优化研究[J].石油钻探技术,2001,29(5):61-62.

[9] 卜凌梅,韩洪宝,程林松.底水油藏油井合理射开程度研究[J].油气地质与采收率,2004,11(5):44-45.

[10] 肖中海,刘巨生,陈义国.压裂施工曲线特征分析及应用[J].石油地质与工程,2008,22(5):99-102.

[11] 吉德利 J L,等著.水力压裂技术新进展[M].蒋阗,单文文,等译.北京:石油工业出版社,1995.

[12] 王鸿勋,张琪.采油工艺原理[M].修订版.北京:石油工业出版社,1989.

[13] 王鸿勋.水力压裂原理[M].北京:石油工业出版社,1987.

[14] Howard G C,Fast C R. Hydraulic Fracturing[M]. New York,1970.

[15] 埃克诺米德斯 M J,等著.油藏增产措施[M].第3版.张宝平,等译.北京:石油工业出版社,2002.

[16] 胡永全,赵金洲.水力压裂原理与设计方法[M].四川南充:西南石油学院,1999.

[17] 张士诚,唐汜众.重复压裂技术的研究与应用[J].世界石油工业,1995,2(7):39-46.

[18] 王鸿勋.重复压裂技术的几项最新进展[J].世界石油工业,2000,7(9):41-45.

[19] 范学平,徐向荣.重复压裂发展与展望[J].世界石油工业,1999,6(8):38-41.

[20] 胡永全,林辉,赵金洲.重复压裂技术研究[J].天然气工业,2004,(3):72-75.

[21] 王继成,姚海晶,张国良.喇、萨、杏油田影响重复压裂工艺效果的因素分析[J].大庆石油地质与开发,1994,(2):63-66.

[22] 南志学,朱彦刚,张永春,等. 葡萄花油田重复压裂裂缝酸洗技术[J]. 大庆石油地质与开发,2001,(5):40-41.
[23] 雷群,张书平,常彦荣. 油井重复压裂工艺技术研究[J]. 钻采工艺 2000,(1):24-27.
[24] 杨洪志,雷群,朱建峰. 与哈里伯顿合作重复压裂改造技术研究[J]. 钻采工艺,2000,(1):21-24.
[25] 祝俊峰,蔡文新,姚飞,等. 桩74断块南区重复压裂技术[J]. 石油学报,1998,(3):73-76.
[26] 张丁涌,赵金洲,赵磊,等. 重复压裂造缝的应力场分析[J]. 油气地质与采收率,2004,(4):58-59.
[27] 李文瑞,李延美,何志勇. 油井重复压裂技术在马西油田的应用及认识[J]. 石油钻采工艺,1994,(3):66-71.
[28] 陈宗林. 中原油田水力压裂技术研究与应用[D]. 西南石油学院硕士论文,1999.
[29] 银本才,杜卫平,陈小新. 重复压裂技术研究与应用[J]. 断块油气田,2001,(2):54-57.
[30] 王志刚,孙玉岭. 影响低渗透油田重复压裂效果的研究[J]. 石油学报,1990,11(3):50-58.
[31] 韩树柏. 辽河油田重复压裂工艺技术研究及应用[J]. 特种油气藏,2001,8(3):66-69.
[32] 王凤江,丁方宏,路勇. 低渗透油田重复压裂技术研究[J]. 石油勘探与开发,1999,23(1):71-73.
[33] 王永辉,路勇. 低渗层重复压裂的油藏数值模拟研究[J]. 石油勘探与开发,1997,24(1):47-72.
[34] 刘洪,胡永全,赵金洲,等. 重复压裂气井三维诱导应力场数学模型[J]. 石油钻采工艺,2004,26(2):57-61.
[35] 刘洪,赵金洲,李文华,等. 新场气田重复压裂气井造新缝机理研究[A]//谢和平. 第八次全国岩石力学与工程学术大会论文集[C]. 北京:科学出版社,2004.
[36] 刘洪,赵金洲,胡永全,等. 重复压裂气井造新缝机理研究[J]. 天然气工业,2004,(10):102-104.
[37] 刘洪. 重复压裂造新缝力学机理分析[D]. 西南石油学院博士论文,2002.
[38] 杜卫平:重复压裂选井选层人工神经网络方法[J]. 钻采工艺,2003,5(4):106-108.
[39] 张俊法,常剑,杨瑞敏. 用综合判别方法优选压裂井层[J]. 断块油气田,2001,8(1):30-32.
[40] 张国彦,刘庆荣,许传迅. 模糊灰元理论在注水井压裂选井选层中的应用[J]. 大庆石油地质与开发,2003,6(3):58-60.
[41] 肖芳淳. 模糊物元贴近度聚类分析的研究[J]. 新疆石油地质,1998,19(4):281-283.
[42] 付永强,郭建春. 多层次模糊聚类在压裂酸化选井选层中的应用[J]. 天然气工业,2001,21(5):58-60.
[43] 位云生,胡永全,赵金洲,等. 人工神经网络方法在水力压裂选井评层中的应用[J]. 断块油气田,2005,12(4):42-44.
[44] 刘洪,赵金洲,胡永全,等. 模糊神经网络系统在优选压裂井层中的应用[J]. 钻采工艺,2002,6(5):34-37.
[45] Vapnik V N 著. 统计学习理论的本质[M]. 第2版. 张学工译. 北京:清华大学出版社,2000.
[46] 张学工. 关于统计学习理论与支持向量机[J]. 自动化学报,2000,(26):32-42.

[47] 白矛,刘天泉.孔隙裂隙弹性理论及应用导论[M].北京:石油工业出版社,1999.
[48] 李志明,张金珠.地应力与油田勘探开发[M].北京:石油工业出版社,1997.
[49] 徐芝纶.弹性力学[M].第3版.北京:高等教育出版社,1998.
[50] 刘建中,油田应力测量[M].北京:地震出版社,1993.
[51] 刘从彪,刘翔鹗.油藏三维地应力场数学模型的建立[J].石油勘探与开发,1994,21(4),48-53.
[52] 冉启全,李仕伦,杜志敏.用综合数值模拟方法预测油藏开采过程中的应力分布[J].钻采工艺,1995,18(4):41-43.
[53] 李勇.流固耦合整体压裂研究[D].西南石油学院博士论文,2004.
[54] 范学平,徐向荣,张士诚.用流固耦合方法研究油藏压裂后应力应变和孔渗特性变化[J].岩土力学,2001,22(1):47-50.
[55] 丁遂栋,孙利民.断裂力学[M].北京:机械工业出版社,1997.
[56] 蔡美峰.岩石力学与工程[M].北京:科学出版社,2002.
[57] 徐志英.岩石力学[M].第3版.北京:中国水利水电出版社,2001.
[58] 李贺,等.岩石断裂力学[M].重庆:重庆大学出版社,1988.
[59] 王维刚.高等岩石力学理论[M].北京:冶金工业出版社,1997.
[60] 唐辉明,晏同珍.岩体断裂力学理论与工程应用[M].武汉:中国地质大学出版社,1993.
[61] 王水林,葛修润.受压状态下裂纹扩展的数值分析[J].岩石力学与工程学报,1999,(6):671-675.
[62] 卢海星,黄醒春.弹性体裂纹扩展的数值模拟[J].上海交通大学学报,2001,35(4):34-37.